Ridder · Bütow

Aufbaukurs Tank für Gefahrgutfahrer

22. Auflage 2018

Bibliografische Information der Deutschen Nationalbibliothek

Die Deutsche Nationalbibliothek verzeichnet diese Publikation in der Deutschen Nationalbibliografie; detaillierte bibliografische Daten sind im Internet über http://dnb.dnb.de abrufbar.

Bei der Herstellung des Werkes haben wir uns zukunftsbewusst für umweltverträgliche und wiederverwertbare Materialien entschieden.

Aufbaukurs Tank für Gefahrgutfahrer
22. Auflage 2018

Justus-von-Liebig-Str. 1, 86899 Landsberg/Lech
E-Mail: kundenservice@ecomed-storck.de
Telefon: 089/2183-7922, Telefax: 089/2183-7620
Internet: www.ecomed-storck.de
Verfasser: K. Ridder, T. Bütow

Satz: Fotosatz Pfeifer, 82152 Krailling
Druck: CPI books GmbH, Leck
ISBN 978-3-609-69367-5
11/2018

Vorwort

Seit fast 40 Jahren gibt es die Tankwagenfahrerschulung – in dieser Zeit ist viel zur Erhöhung der Sicherheit im Gefahrguttransport getan worden, und die Zahl der Gefahrgutunfälle ist um etwa die Hälfte zurückgegangen.

Unzählige Gefahrgutfahrer wurden seither mit dem „Aufbaukurs Tank“ ausgebildet. Durch ständige Überarbeitung wurde dieses Heft auf dem jeweils neuesten Stand der einschlägigen Vorschriften gehalten. Es orientiert sich an den verbindlichen Kursplänen des Deutschen Industrie- und Handelskammertages (DIHK). Die Kapitelnummerierung entspricht derjenigen des DIHK-Kursplanes, deshalb sind nicht alle Kapitel-Nummern belegt.

An den Enden der einzelnen Kapitel befinden sich Kontrollfragen, die den Kursteilnehmern auch als Übung und Vorbereitung für die Prüfung dienen sollen. Am Schluss jeder Kontrollfrage steht jeweils die Nummer des Kapitels, in dem der Sachverhalt dargestellt wurde. Damit die Kursteilnehmer auch zu Hause üben können, sind zur Selbstkontrolle am Ende des Teilnehmerhefts die Lösungen enthalten. Am Ende finden Sie ein Stichwortverzeichnis, das sich in der Praxis ebenfalls bewährt hat.

Diese Auflage berücksichtigt den Rechtsstand des ADR 2019 sowie den aktuellen Kursplan des DIHK. Der Entwurf der GGVSEB lag bei Redaktionsschluss noch nicht als Bundesratsdrucksache vor.

Klaus Ridder
Torsten Bütow

Siegburg/Haltern am See, im November 2018

Inhalt

Hinweis: Die mit dem Zeichen ✎ gekennzeichneten Seiten dieses Hefts sind auf der entsprechenden Referenten-CD-ROM mit den **Lösungen** zu finden.

1 Allgemeine Vorschriften

Bei der Beförderung gefährlicher Güter in Tanks sind zusätzlich zu den allgemeinen Vorschriften über die Gefahrgutbeförderung weitere Bestimmungen zu beachten.

Die zusätzlichen Regelungen sind insbesondere erforderlich, weil

- die Güter in großen Mengen in Tanks befördert werden und somit eine große Gefahr darstellen können,
- besondere Anforderungen an die Tanks und die Fahrzeuge gestellt werden müssen,
- besondere Maßnahmen beim Umgang, insbesondere beim Be- und Entladen der Tanks, festgelegt werden müssen,
- Unfälle in Tunnels schwerwiegende Auswirkungen haben können,
- für Terroristen die Tanks bevorzugte Ziele für eventuelle Angriffe sein oder Tanks samt Inhalt als Waffe missbraucht werden könnten.

Weil die Tanktransporte von gefährlichen Gütern besondere Gefahren in sich bergen, enthalten GGVSEB und ADR zusätzliche Vorschriften für diese Beförderungsart über

- Begleitpapiere
- Verwendung von Kennzeichen
- Ausrüstung der Fahrzeuge und Tanks
- Schulung der Fahrzeugführer über die Besonderheiten der Beförderung in Tanks
- das Be- und Entladen von Gefahrgütern sowie über die Verwendung von Tanks.

Quelle: A. Schröder, Feuerwehr Sittensen

Bei Unfallbeteiligung können von Tankfahrzeugen große Gefahren ausgehen.

3 Dokumentation

3.1 Beförderungspapier

Grundsätzlich ist das Beförderungspapier bei der Beförderung in Tanks so auszufüllen wie bei normalen Gefahrgut-Beförderungen, z.B. „UN 1203 BENZIN, 3, II, (D/E), umweltgefährdend“, außerdem mit der Angabe der Gesamtmenge, z.B. „17 000 Liter“ oder „12 750 kg“ (entspricht 17 000 l Superbenzin bei einer spezifischen Dichte von 750 kg/m^3) und des Tunnelbeschränkungscodes, z.B. „(D/E)“, wenn nicht sicher ausgeschlossen werden kann, dass ein Tunnel mit Beschränkung für Gefahrgüter durchfahren wird.

Sonderregelungen sind bei **leeren, ungereinigten Tanks**, MEGC, ... zu beachten. So muss entweder vor oder nach der gemäß 5.4.1.1.1 ADR festgelegten Beschreibung der gefährlichen Güter der Ausdruck „LEER, UNGEREINIGT“ oder „RÜCKSTÄNDE DES ZULETZT ENTHALTENEN STOFFES“ eingetragen sein.

Oder den Angaben gemäß 5.4.1.1.1 ADR wird vorangestellt: „LEERES TANKFAHRZEUG“, „LEERER AUFSETZTANK“, „LEERER ORTSBEWEGLICHER TANK“, „LEERER TANKCONTAINER“, „LEERES BATTERIE-FAHRZEUG“ bzw. „LEERER MEGC“, „LEERER MEMU“. Dieser Ausdruck ist zu ergänzen durch die Angabe „LETZTES LADEGUT“ sowie durch

- die UN-Nummer,
- die offizielle Benennung für die Beförderung, ggf. vervollständigt durch die technische Benennung,
- die Nummer des Gefahrzettelmusters,
- ggf. die Verpackungsgruppe (VG) und
- den Tunnelbeschränkungscode für das letzte Ladegut, z.B.

  „LEERES TANKFAHRZEUG, LETZTES LADEGUT: UN 1017 CHLOR, 2.3 (5.1, 8) (C/D), umweltgefährdend“ (Eine Mengenangabe ist bei unereinigten leeren Tanks nicht erforderlich).

Beim Transport von ungereinigten leeren Tanks, Batterie-Fahrzeugen und MEGC **zur nächsten** geeigneten **Reinigungs- oder Reparaturstelle** ist im Beförderungspapier ggf. zu ergänzen: „BEFÖRDERUNG NACH ABSATZ 4.3.2.4.3“.

Werden ungereinigte leere Tanks **nach Ablauf** der Fristen der **Prüfung** zugeführt, so ist im Beförderungspapier zu vermerken: „BEFÖRDERUNG NACH ABSATZ 4.3.2.4.4“.

Bei Beförderung von **ortsbeweglichen Tanks nach Ablauf der Frist** für die Prüfung oder Inspektion sind folgende Vermerke im Beförderungspapier anzubringen:

„BEFÖRDERUNG NACH ABSATZ 4.3.2.3.7 b)“,
„BEFÖRDERUNG NACH ABSATZ 6.7.2.19.6 b)“,
„BEFÖRDERUNG NACH ABSATZ 6.7.3.15.6 b)“ bzw.

„BEFÖRDERUNG NACH ABSATZ 6.7.4.14.6 b)“.

Bei **Gasgemischen** in Tanks muss die Zusammensetzung des Gemisches in Vol.-% oder Masse-% angegeben werden, wenn nicht als Ergänzung zur offiziellen Benennung eine durch Sondervorschrift zugelassene technische Benennung, wie „Gemisch A1“ verwendet wird, z.B.

UN 1965 Kohlenwasserstoffgas, Gemisch, verflüssigt, n.a.g. (Gemisch C), 2, (B/D).

Bei **genehmigungspflichtigen Beförderungsbedingungen** der Gefahrklassen **4.1** und **5.2** muss der Vermerk „BEFÖRDERUNG GEMÄSS ABSATZ 2.2.52.1.8“ erscheinen.

Bei bestimmten Stoffen der Klassen **4.1 und 5.2 mit Temperaturkontrolle** während der Beförderung sind die Kontroll- und Notfalltemperaturen im Beförderungspapier anzugeben:

„KONTROLLTEMPERATUR: ... °C

NOTFALLTEMPERATUR: ... °C“.

Bei Stoffen, die der SV 220 unterliegen (UN 3248), ist nach der offiziellen Benennung für die Beförderung die technische Benennung des entzündbaren flüssigen Bestandteils in Klammern anzugeben.

Bei der Beförderung von **Schwefeltrioxid** in Tanks ohne Inhibitor bei einer Mindesttemperatur von 32,5 °C ist anzugeben: „BEFÖRDERUNG BEI EINER MINDESTTEMPERATUR DES STOFFES VON 32,5 °C“.

Bei Auslieferungsfahrten an **mehrere Empfänger** – z.B. in der Heizöl-Endkundenbelieferung – darf anstatt der Empfängeranschrift auch stehen: „Verkauf bei Lieferung“.

Wenn die UN-Nummern 1202, 1203, 1223, 1268 oder 1863 befördert werden und nur „vereinfacht“ gekennzeichnet ist (also nur die Nummern für den gefährlichsten Stoff auf der orangefarbenen Tafel vorn und hinten an der **Beförderungseinheit**), muss im Beförderungspapier stehen, **welches Gut** sich **in welchem Tank(abteil)** befindet (Beladeplan).

Gilt ein Stoff der Gefahrklassen 1 bis 9 gemäß 2.2.9.1.10 ADR als **umweltgefährdend**, muss im Beförderungspapier zusätzlich angegeben sein „UMWELTGEFÄHRDEND“ oder „MEERESSCHADSTOFF/UMWELTGEFÄHRDEND“ (gilt nicht für UN 3077 und 3082).

Für Tankcontainer mit tiefgekühlt verflüssigten Gasen muss der Absender das Datum, an dem die tatsächliche Haltezeit endet, wie folgt im Beförderungspapier eintragen:

„ENDE DER HALTEZEIT: .... (TT/MM/JJJJ)“.

3.1.1 Sondervorschrift 640

Die in Tabelle 3.2 A Spalte 2 des Gefahrgut-Verzeichnisses aufgeführten physikalischen und technischen Eigenschaften führen z.B. bei den UN-Nummern 1202 (z.B. HEIZÖL, LEICHT oder DIESELKRAFTSTOFF) und 1863 (DÜSENKRAFTSTOFF) zu mehreren Einträgen mit unterschiedlichen Beförderungsvorschriften für ein und dieselbe Verpackungsgruppe. Damit die richtigen Beförderungsvorschriften angewendet werden können, ist deshalb zu den im Beförderungspapier vorgeschriebenen Informationen folgende Angabe (vergleiche Spalte 6 der Tabelle 3.2 A) hinzuzufügen:

UN 1202, VG III:	„Sondervorschrift 640K“ bzw. „Sondervorschrift 640L“ bzw. „Sondervorschrift 640M“
UN 1863, VG II:	„Sondervorschrift 640C“ bzw. „Sondervorschrift 640D“

Bei Verwendung des für das entsprechende Gefahrgut höchstwertigen Tanktyps kann auf diese Angabe verzichtet werden.

Als Stoffbenennung werden die in der Tabelle 3.2 des ADR in Großbuchstaben ausgeführten Angaben übernommen. Diese Schreibweise markiert in der Tabelle 3.2 A den Teil der Stoffbenennung, der zwingend in das Beförderungspapier übernommen werden muss. Die Stoffbenennung kann dann in Großbuchstaben oder Normalschrift in das Beförderungspapier eingetragen werden.

3.1.2 Sondervorschrift 664

Die SV 664 ist für den Großteil der Mineralöl-Verteilerfahrzeuge wichtig und zu beachten.

Werden Stoffe, die in Spalte 6 der Tabelle A den Eintrag „664“ haben (z.B. Heizöl EL mit UN 1202 oder andere Güter, die fahrzeugseitig additiviert an den Kunden geliefert werden), in festverbundenen Tanks (Tankfahrzeugen) oder Aufsetztanks befördert, so dürfen diese Tanks mit **Additivierungsanlagen** versehen werden, die zum Beimischen bestimmter Additive dienen.

Diese Anlagen können Bestandteil des Tankkörpers sein, dauerhaft außen am Tank oder am Tankfahrzeug befestigt sein oder dürfen Anschlusseinrichtungen für die Verbindung mit Verpackungen haben. Weitere Hinweise zur technischen Ausrüstung sind in der Tankakte zu finden.

Der **Eintrag im Beförderungspapier** für das Additiv umfasst nur die UN-Nummer, die Benennung, den oder die Gefahrzettel und die Verpackungsgruppe sowie die Angabe „ADDITIVIERUNGSEINRICHTUNG“.

Eine zusätzliche Kennzeichnung der Umschließungen für die Additivierungsanlage mit Großzetteln ist nicht erforderlich. Wenn die Additive allerdings in **Verpackungen** befördert werden, so sind diese gemäß ADR zu bezetteln und mit Kennzeichen zu versehen.

3.1.3 Leere Tankfahrzeuge

Bei ungereinigten leeren Tankfahrzeugen, Batterie-Fahrzeugen, leeren Aufsetztanks, ortsbeweglichen Tanks, MEGC und leeren Tankcontainern ist die Angabe des letzten Ladegutes im Beförderungspapier erforderlich (Beispiel):

Beförderungspapier
Klasse 3 ADR

Absender:
Fa. Heiss und Flüssig
Tanktransporte GmbH
Waldstraße 49
76135 Karlsruhe

Empfänger:
Siehe Absender

Leerfahrt **von** *76275 Ettlingen* **(letzte Entladestelle)**
nach *76135 Karlsruhe*

Leeres Tankfahrzeug, letztes Ladegut:

- ☒ UN 1202 **HEIZÖL, LEICHT** 3, VG III, (D/E) „Sondervorschrift 640 L“, umweltgefährdend
- ❑ UN 1202 **DIESELKRAFTSTOFF** 3, VG III, (D/E) „Sondervorschrift 640 L“, umweltgefährdend
- ❑ UN 1203 **BENZIN** 3, VG II, (D/E), umweltgefährdend
- ❑ Beförderung nach Absatz 4.3.2.4.3
- ❑ Beförderung nach Absatz 4.3.2.4.4
- ❑ Beförderung nach Absatz 4.3.2.3.7 b)

Zutreffendes bitte ankreuzen!

Die Ausnahme 18 der GGAV ermöglicht jedoch innerhalb von Deutschland auch die **Befreiung vom Beförderungspapier**: „Bei der Beförderung von ungereinigten leeren Tankfahrzeugen, ..., ungereinigten leeren Aufsetztanks, ungereinigten leeren ortsbeweglichen Tanks, ungereinigten leeren Tankcontainern, ..., ungereinigten leeren Batterie-Fahrzeugen oder ungereinigten leeren MEGC darf das Beförderungspapier für das zuletzt darin enthaltene Ladegut mitgeführt werden." Diese Ausnahme ist derzeit bis zum 30.06.2021 befristet.

3.1.4 Elektronisches Beförderungspapier

Gemäß 5.4.0.2 ADR darf das Beförderungspapier in elektronischer Form mitgeführt werden, wenn die entsprechenden EDV-Datensätze auf der Beförderungseinheit bei Bedarf eingesehen und ausgedruckt werden können und das Fahrzeug mit einer individuellen Notrufnummer gekennzeichnet ist.

3.2 ADR-Zulassungsbescheinigung

Mit der ADR-Zulassungsbescheinigung *(siehe Beispiel S. 14)* wird bestätigt, dass das Fahrzeug den Vorschriften des ADR entspricht. Die Fahrzeuge dürfen mit dieser Bescheinigung sowohl im grenzüberschreitenden als auch im innerstaatlichen Verkehr eingesetzt werden. Die ADR-Zulassungsbescheinigung bezieht sich, je nach Fahrzeugart, nur auf bestimmte Gefahrgüter, die damit transportiert werden dürfen.

An vielen Abholstellen für Gefahrgüter muss die ADR-Zulassungsbescheinigung vor der Beladung vorgezeigt werden. Mit der Prüfung der Gültigkeit kommt der Befüller seiner Pflicht gemäß § 23 GGVSEB (und 7.5.1.2 ADR) nach.

3.2.1 Fahrzeugarten

Eine ADR-Zulassungsbescheinigung ist für folgende Fahrzeuge erforderlich und muss bei allen Transporten mitgeführt werden:

- **Tankfahrzeuge** mit mehr als 1 m³ Fassungsraum

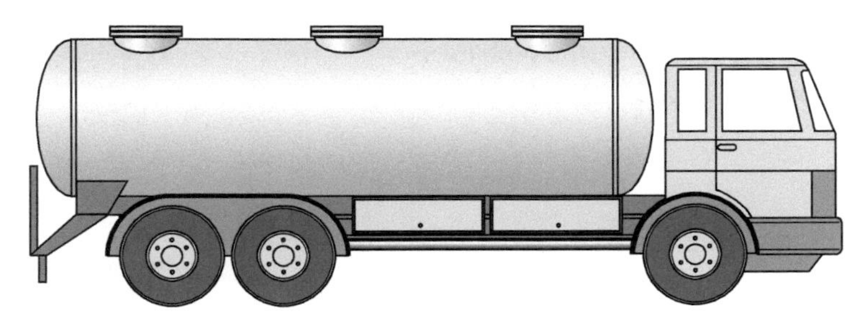

- **Trägerfahrzeuge** für Aufsetztanks, sofern der Fassungsraum mehr als 1 m³ beträgt

- **Batterie-Fahrzeuge**, sofern der Gesamtfassungsraum mehr als 1000 l beträgt

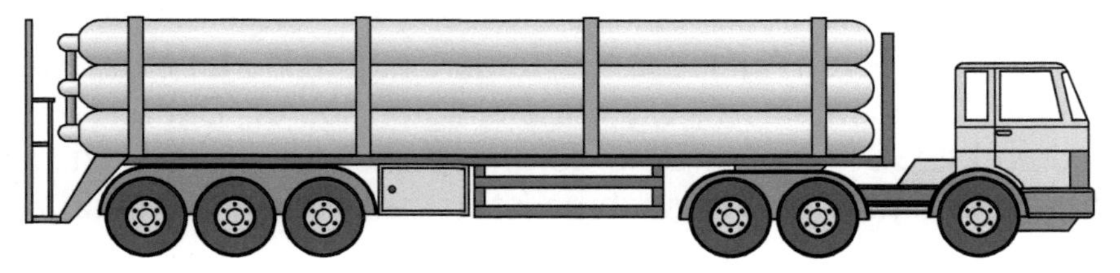

- **Trägerfahrzeuge für Tankcontainer, ortsbewegliche Tanks oder MEGC** (**M**ultiple **E**lement **G**as **C**ontainer), sofern deren Einzelfassungsraum jeweils mehr als 3000 l beträgt. Für die Behälter selbst ist keine ADR-Zulassungsbescheinigung erforderlich.

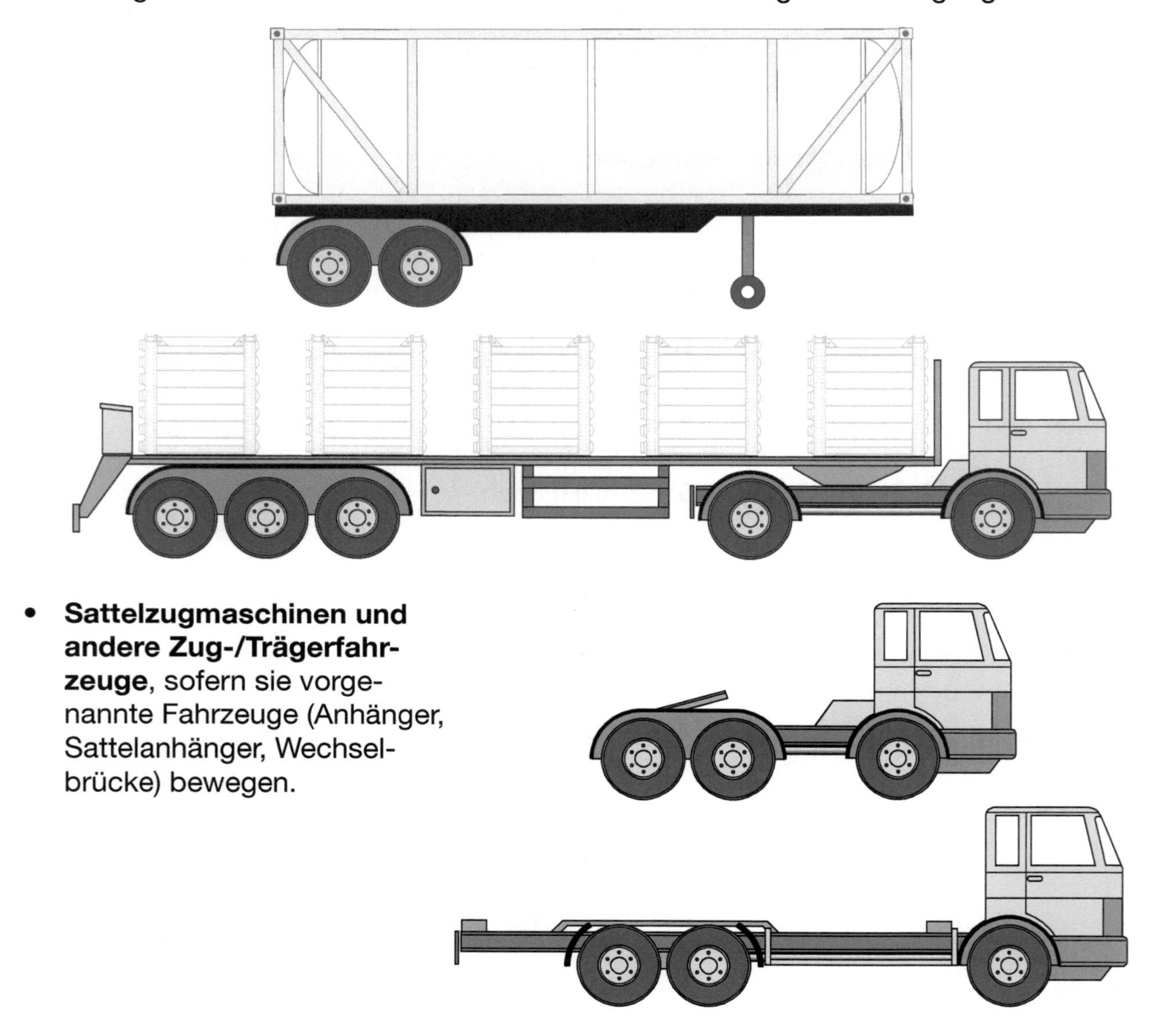

- **Sattelzugmaschinen und andere Zug-/Trägerfahrzeuge**, sofern sie vorgenannte Fahrzeuge (Anhänger, Sattelanhänger, Wechselbrücke) bewegen.

- **Silotankfahrzeuge** *(siehe Seite 27)*

3.2.2 Zugelassene Güter

In der ADR-Zulassungsbescheinigung sind entweder die **Güter** bestimmt, für die das jeweilige Fahrzeug geeignet ist, oder es wird auf die Tankcodierung und die Sondervorschriften, die im Gefahrgut-Verzeichnis des ADR den Gefahrgütern zugeordnet sind, Bezug genommen. Andere Gefahrgüter dürfen mit diesem Fahrzeug nicht transportiert werden. Bei Sattelkraftfahrzeugen müssen sowohl der Sattelanhänger als auch die Sattelzugmaschine übereinstimmende Fahrzeugbezeichnungen haben (z.B. FL oder AT), ebenso das ziehende Fahrzeug und der Anhänger bei Anhängerzügen. Wenn Zugfahrzeug und Anhänger unterschiedliche Fahrzeugbezeichnungen haben, dürfen nur Produkte transportiert werden, die für die „geringerwertige“ Tankart zugelassen sind. Die ADR-Zulassungsbescheinigung enthält Angaben zum Fahrzeug und bei Tankfahrzeugen auch Angaben zum festverbundenen Tank. Die Bedeutung der in der ADR-Zulassungsbescheinigung aufgeführten Tankcodierung in Verbindung mit der Spalte 12 des Gefahrgut-Verzeichnisses wird in Kap. 4.9 dieses Hefts beschrieben.

3.2.3 Besondere Bremsausrüstung

Fahrzeuge mit Tanks müssen mit einer besonders leistungsfähigen **Dauerbremsanlage** (z.B. Retarder) ausgerüstet sein. Je höher die **tatsächliche Gesamtmasse** des Fahrzeugs ist, umso leistungsfähiger muss auch die Dauerbremse sein. In Nr. 8 der ADR-Zulassungsbescheinigung ist angegeben, für welche Gesamtmasse die Wirkung der Dauerbremse ausreichend ist. Diese Gesamtmasse darf nicht überschritten werden, auch dann nicht, wenn die zulässige Gesamtmasse des Fahrzeugs höher ist.

Pflichtausrüstungen für LKW:

- Blockierverhinderer (ABV) für Fzg > 3,5 t zGM seit 31.3.2018
- Fahrstabilitätssysteme (z.B. ESP) seit 1.11.2014
- Spurverlassenswarner und Notbremssysteme für LKW ab 8 t zGM seit 1.11.2015

Nachrüstpflichten bestehen nicht.

3.2.4 Besondere Hinweise

Im Feld **Bemerkungen** können Hinweise, Einschränkungen oder Auflagen enthalten sein, die der Fahrzeugführer beachten muss.

3.2.5 Gültigkeitsdauer

Die ADR-Zulassungsbescheinigung wird in der Regel für die Dauer eines Jahres ausgestellt. Bei Tankfahrzeugen wird sie jedoch längstens bis zur nächsten fälligen Tankuntersuchung befristet. Der Fahrzeugführer muss auch darauf achten, dass die Gültigkeit der Bescheinigung nicht abgelaufen ist (Tagesdatum). Sofern die für die Gültigkeitsverlängerung erforderliche Untersuchung innerhalb eines Monats vor oder eines Monats nach

ZULASSUNGSBESCHEINIGUNG FÜR FAHRZEUGE ZUR BEFÖRDERUNG BESTIMMTER GEFÄHRLICHER GÜTER

Mit dieser Bescheinigung wird bestätigt, dass das nachstehend bezeichnete Fahrzeug die Anforderungen des Europäischen Übereinkommens über die internationale Beförderung gefährlicher Güter auf der Straße (ADR) erfüllt.

1. Bescheinigung Nr.:	2. Fahrzeughersteller:	3. Fahrzeug-Ident.-Nr.	4. amtl. Kennz. (wenn vorhanden):
0815/4711	*Fahrzeugbau Lindenau GmbH*	*WMLT71ALB82374567*	*B-SG 284*

5. Name und Betriebssitz des Beförderers, Betreibers (Halters) oder Eigentümers:
Kaiser Wilhelm GmbH & Co KG, Parkstraße 378, 12001 Berlin

6. Beschreibung des Fahrzeugs:[1] *Kraftfahrzeug N_3*

7. Fahrzeugbezeichnung(en) gemäß 9.1.1.2 des ADR[2]
~~EX/II~~ ~~EX/III~~ FL AT ~~MEMU~~

8. Dauerbremsanlage:[3]
❑ Nicht zutreffend
☒ Die Wirkung nach 9.2.3.1.2 des ADR ist ausreichend für eine Gesamtmasse der Beförderungseinheit von *40* t.[4]

9. Beschreibung des (der) festverbundenen Tanks/des (der) Batterie-Fahrzeuge(s) (wenn vorhanden)
9.1 Tankhersteller: *Julius Caesar AG*
9.2 Zulassungsnummer des Tanks/des Batterie-Fahrzeugs: *T 01201 NRW 01*
9.3 Herstellungsnummer des Tanks/Identifizierung der Elemente des Batterie-Fahrzeugs: *LI3721*
9.4 Herstellungsjahr: *2010*
9.5 Tankcodierung gemäß 4.3.3.1 oder 4.3.4.1 des ADR: *L4BH*
9.6 Sondervorschriften TC und TE gemäß 6.8.4 des ADR (falls zutreffend): [6] *TE19*

10. Zur Beförderung zugelassene gefährliche Güter:
Das Fahrzeug erfüllt die Anforderungen zur Beförderung gefährlicher Güter entsprechend der (den) unter Nummer 7 angegebenen Fahrzeugbezeichnung(en).
10.1 Im Falle eines EX/II- bzw. EX/III-Fahrzeugs[3]
❑ Güter der Klasse 1 einschließlich Verträglichkeitsgruppe J
❑ Güter der Klasse 1 ausgenommen Verträglichkeitsgruppe J
10.2 Im Falle eines Tankfahrzeugs/Batterie-Fahrzeugs[3]
☒ Es dürfen nur Stoffe befördert werden, die gemäß der unter Nummer 9 angegebenen Tankcodierung und den unter Nummer 9 angegebenen eventuellen Sondervorschriften zugelassen sind.[5]
oder
❑ Es dürfen nur die folgenden Stoffe (Klasse, UN-Nummer, und, falls erforderlich, Verpackungsgruppe und offizielle Benennung für die Beförderung) befördert werden:

Es dürfen nur Stoffe befördert werden, die nicht dazu neigen, gefährlich mit den Werkstoffen des Tankkörpers, der Dichtungen, der Ausrüstung und der Schutzauskleidung (falls vorhanden) zu reagieren.

11. Bemerkungen: *Nächste Tankprüfung: 07/2019*

12. Gültig bis: *07.07.2019*

Stempel der Ausgabestelle
Berlin, 07.07.2018
DEKRA 2622
Ort, Datum, Unterschrift:

1) Entsprechend den Begriffsbestimmungen für Kraftfahrzeuge und Anhänger der Kategorien N und O gemäß der Gesamtresolution über die Konstruktion von Fahrzeugen (R.E.3) oder der Richtlinie 2007/46/EG.
2) Nicht Zutreffendes streichen.
3) Zutreffendes ankreuzen.
4) Zutreffenden Wert eintragen. Ein Wert von 44 t beschränkt nicht die im (in den) Zulassungsdokument(en) angegebene „zulässige Zulassungs-/Betriebsmasse".
5) Stoffe, die der unter Nummer 9 angegebenen oder einer anderen gemäß der Hierarchie in Absatz 4.3.3.1.2 oder 4.3.4.1.2 zugelassenen Tankcodierung unter Berücksichtigung der eventuellen Sondervorschrift(en) zugeordnet sind.
6) Nicht erforderlich, wenn die zugelassenen Stoffe unter Nummer 10.2 aufgeführt sind.

dem Fälligkeitstag durchgeführt wird, beginnt der Zeitraum der nächsten Gültigkeit mit dem Tag des Ablaufs der vorhergehenden.

Beispiel: Eine ADR-Zulassungsbescheinigung ist gültig bis zum 17. August 2019. Gefahrgut darf nur bis zu diesem Tag mit dem Fahrzeug befördert werden. Es darf aber danach noch der Prüfung zugeführt werden. (Wurde der Tank vor Ablauf der Frist für die Prüfung befüllt, darf er bis maximal einen Monat nach Ablauf der Frist noch befördert und entleert/entladen werden und muss dann zur Prüfung.) Wird die technische Untersuchung nach 9.1.3.4 ADR zwischen dem 17. Juli und dem 17. September 2019 mit Erfolg abgeschlossen, so verlängert der Sachverständige die Bescheinigung bis zum 17. August 2020. (**Einschränkung:** Die Gültigkeit der ADR-Zulassungsbescheinigung wird nicht über das Datum der nächsten fälligen Tankprüfung verlängert.)

Für Prüfungen von Auskleidungen im Tank gilt eine 3-monatige Frist bis zur nächsten Wiederbefüllung.

Vor dem Befüllen muss sich der Befüller davon überzeugen, dass der zu befüllende Tank geeignet (= zugelassen) ist und das jeweilige Gut aufnehmen darf. Diese Eignung kann grundsätzlich bei Tankfahrzeugen anhand der ADR-Zulassungsbescheinigung (Nr. 10) festgestellt werden.

3.3 Bescheinigung über die Prüfung des Aufsetztanks

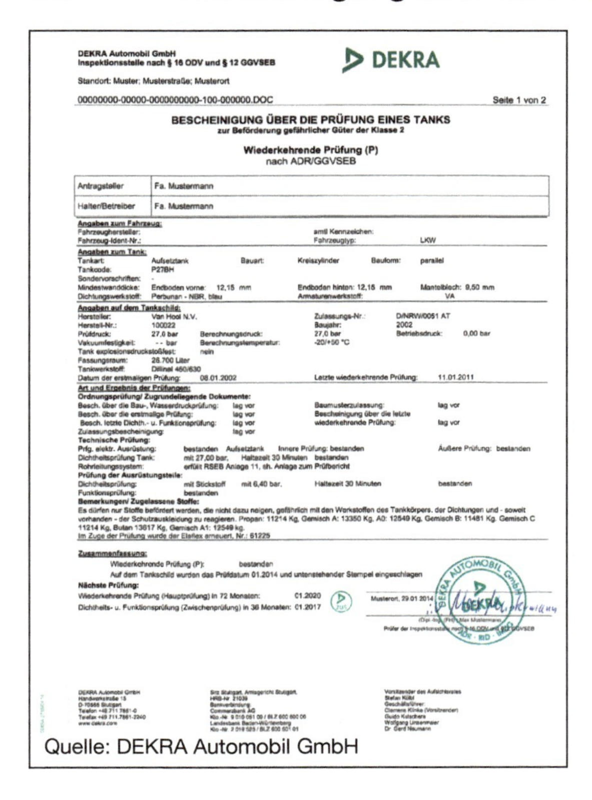

DEKRA Automobil GmbH
Inspektionsstelle nach § 16 ODV und § 12 GGVSEB

DEKRA

Standort: Muster; Musterstraße; Musterort

00000000-00000-0000000000-100-000000.DOC — Seite 1 von 2

BESCHEINIGUNG ÜBER DIE PRÜFUNG EINES TANKS
zur Beförderung gefährlicher Güter der Klasse 2

Wiederkehrende Prüfung (P)
nach ADR/GGVSEB

Antragsteller	Fa. Mustermann
Halter/Betreiber	Fa. Mustermann

Angaben zum Fahrzeug:
Fahrzeughersteller: — amtl. Kennzeichen:
Fahrzeug-Ident-Nr.: — Fahrzeugtyp: LKW

Angaben zum Tank:
Tankart: Aufsetztank — Bauart: Kreiszylinder — Bauform: parallel
Tankcode: P27BH
Sondervorschriften: -
Mindestwanddicke: Endboden vorne: 12,15 mm — Endboden hinten: 12,15 mm — Mantelblech: 9,50 mm
Dichtungswerkstoff: Perbunan - NBR, blau — Armaturenwerkstoff: VA

Angaben auf dem Tankschild:
Hersteller: Van Hool N.V. — Zulassungs-Nr.: D/NRW/0051 AT
Herstell-Nr.: 100022 — Baujahr: 2002
Prüfdruck: 27,0 bar — Berechnungsdruck: 27,0 bar — Betriebsdruck: 0,00 bar
Vakuumfestigkeit: - - bar — Berechnungstemperatur: -20/+50 °C
Tank explosionsdruckstoßfest: nein
Fassungsraum: 26.700 Liter
Tankwerkstoff: Dillinal 460/630
Datum der erstmaligen Prüfung: 08.01.2002 — Letzte wiederkehrende Prüfung: 11.01.2011

Art und Ergebnis der Prüfungen:
Ordnungsprüfung/ Zugrundeliegende Dokumente:
Besch. über die Bau-, Wasserdruckprüfung: lag vor — Baumusterzulassung: lag vor
Besch. über die erstmalige Prüfung: lag vor — Bescheinigung über die letzte
Besch. letzte Dichth.- u. Funktionsprüfung: lag vor — wiederkehrende Prüfung: lag vor
Zulassungsbescheinigung: lag vor
Technische Prüfung:
Prfg. elektr. Ausrüstung: bestanden — Aufsetztank — Innere Prüfung: bestanden — Äußere Prüfung: bestanden
Dichtheitsprüfung Tank: mit 27,00 bar, Haltezeit 30 Minuten bestanden
Rohrleitungssystem: erfüllt RSEB Anlage 11, sh. Anlage zum Prüfbericht
Prüfung der Ausrüstungsteile:
Dichtheitsprüfung: mit Stickstoff mit 6,40 bar. Haltezeit 30 Minuten bestanden
Funktionsprüfung: bestanden
Bemerkungen/ Zugelassene Stoffe:
Es dürfen nur Stoffe befördert werden, die nicht dazu neigen, gefährlich mit den Werkstoffen des Tankkörpers, der Dichtungen und - soweit vorhanden - der Schutzauskleidung zu reagieren. Propan: 11214 Kg, Gemisch A: 13350 Kg, A0: 12549 Kg, Gemisch B: 11481 Kg, Gemisch C 11214 Kg, Butan 13617 Kg, Gemisch A1: 12549 kg.
Im Zuge der Prüfung wurde der Elaflex erneuert, Nr.: 61225

Zusammenfassung:
Wiederkehrende Prüfung (P): bestanden
Auf dem Tankschild wurden das Prüfdatum 01.2014 und untenstehender Stempel eingeschlagen
Nächste Prüfung:
Wiederkehrende Prüfung (Hauptprüfung) in 72 Monaten: 01.2020
Dichtheits- u. Funktionsprüfung (Zwischenprüfung) in 36 Monaten: 01.2017

Musterort, 29.01.2014
(Dipl.-Ing. (FH) Max Mustermann)
Prüfer der Inspektionsstelle nach § 16 ODV und § 12 GGVSEB

DEKRA Automobil GmbH
Handwerkstraße 15
D-70565 Stuttgart
Telefon +49 711.7861-0
Telefax +49 711.7861-2240
www.dekra.com

Sitz Stuttgart, Amtsgericht Stuttgart,
HRB-Nr. 21039
Bankverbindung:
Commerzbank AG
Landesbank Baden-Württemberg

Vorsitzender des Aufsichtsrates
Stefan Kölbl
Geschäftsführer:
Clemens Klinke (Vorsitzender)
Guido Kutschera
Wolfgang Linsenmaier
Dr. Gerd Neumann

Quelle: DEKRA Automobil GmbH

Da die ADR-Zulassungsbescheinigung nicht für Aufsetztanks, sondern lediglich für das Trägerfahrzeug ausgestellt wird, muss für innerstaatliche Transporte lt. GGVSEB zusätzlich für Aufsetztanks die **Bescheinigung über die Prüfung des Aufsetztanks** nach 6.8.2.4.5 ADR mitgeführt werden, **wenn die Kennzeichnung am Tank noch nicht dem ADR entspricht**. Diese Bescheinigung wird durch den Sachverständigen ausgestellt, der die Tankprüfung durchführt. Sie enthält einen Hinweis auf das Verzeichnis der Güter, die in diesem Tank zur Beförderung zugelassen sind (*siehe folgende Seite*). Die Bescheinigung über die Prüfung des Aufsetztanks ist für alle Aufsetztanks erforderlich (Fassungsraum über 450 l). Die Zulassungsbescheinigung für das Trägerfahrzeug ist nur erforderlich, wenn Aufsetztanks mit einem Fassungsraum von mehr als 1 m³ befördert werden.

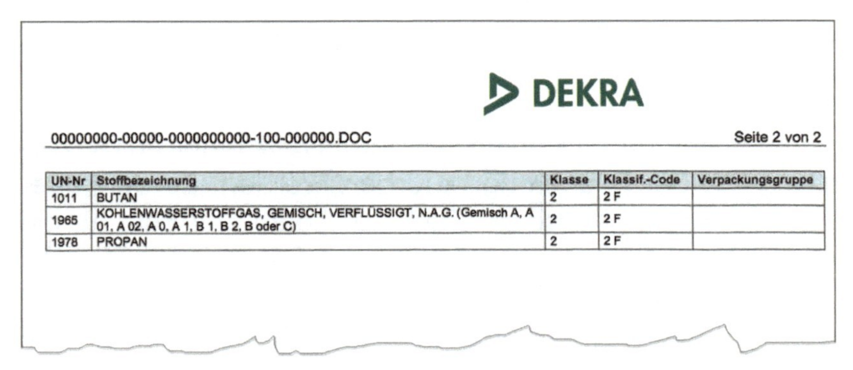

DEKRA

00000000-00000-0000000000-100-000000.DOC Seite 2 von 2

UN-Nr	Stoffbezeichnung	Klasse	Klassif.-Code	Verpackungsgruppe
1011	BUTAN	2	2 F	
1965	KOHLENWASSERSTOFFGAS, GEMISCH, VERFLÜSSIGT, N.A.G. (Gemisch A, A 01, A 02, A 0, A 1, B 1, B 2, B oder C)	2	2 F	
1978	PROPAN	2	2 F	

Seite 2 der Bescheinigung über die Prüfung des Aufsetztanks

3.4 Fahrwegbestimmung

Die GGVSEB bestimmt in § 35a, dass bei der Beförderung der in § 35b aufgeführten, besonders gefährlichen Güter die Vorschriften über den Fahrweg zu beachten sind. Werden bei der Beförderung dieser Gefahrgüter bestimmte Nettomengen überschritten, ist dem Fahrzeugführer vor Beginn der Beförderung eine amtliche „Fahrwegbestimmung" für die Strecken außerhalb von Autobahnen auszuhändigen.

In vielen Bundesländern gibt es sog. „Allgemeinverfügungen" zur Bestimmung des Fahrweges.

Technische Maßnahmen (Fahrzeugausrüstung oder Bauart) können dazu führen, dass das Fahrzeug von der Fahrwegbestimmung ausgenommen ist. Hinweise dazu finden Sie in der Zulassungsbescheinigung.

11. Bemerkungen: Fälligkeit der nächsten Tankprüfung: 04-2019
Stoffe der Klasse 3 und 9
Die Zusammenbeförderung non Heizöl,leichtmit Stoffen, deren Flammpunkt unter 21°C liegt ist unzulässig.(nur GGVSEB)Die Anforderungen nach Nr.2.1 der Ausnahme Nr.14 (S) der GGAV sind erfüllt.Fahrwegbefreiung für die in §35 Abs.1 Satz 2 GGVSEB genannten Stoffe.

3.5 Schriftliche Weisungen

Es ist eine gültige vierseitige schriftliche Weisung für alle Gefahrklassen in der Kabine der Fahrzeugbesatzung mitzuführen, und zwar in einer **Sprache, die jedes Mitglied der Fahrzeugbesatzung versteht**. Gegebenenfalls müssen mehrere schriftliche Weisungen in den benötigten Sprachen mitgeführt werden. Inhalt und Form sind durch das ADR vorgegeben.

Die Fahrzeugbesatzung muss sich mit den Inhalten vertraut machen und diese auch verstehen. Mögliche Begleitpersonen sind über die Inhalte zu informieren.

SCHRIFTLICHE WEISUNGEN GEMÄSS ADR

Maßnahmen bei einem Unfall oder Notfall

Bei einem Unfall oder Notfall, der sich während der Beförderung ereignen kann, müssen die Mitglieder der Fahrzeugbesatzung folgende Maßnahmen ergreifen, sofern diese sicher und praktisch durchgeführt werden können:

- Bremssystem betätigen, Motor abstellen und Batterie durch Bedienung des gegebenenfalls vorhandenen Hauptschalters trennen;
- Zündquellen vermeiden, insbesondere nicht rauchen oder elektronische Zigaretten oder ähnliche Geräte verwenden und keine elektrische Ausrüstung einschalten;
- die entsprechenden Einsatzkräfte verständigen und dabei soviel Informationen wie möglich über den Unfall oder Zwischenfall und die betroffenen Stoffe liefern;
- Warnweste anlegen und selbststehende Warnzeichen an geeigneter Stelle aufstellen;
- Beförderungspapiere für die Ankunft der Einsatzkräfte bereit halten;
- nicht in ausgelaufene Stoffe treten oder diese berühren und das Einatmen von Dunst, Rauch, Staub und Dämpfen durch Aufhalten auf der dem Wind zugewandten Seite vermeiden;
- sofern dies gefahrlos möglich ist, Feuerlöscher verwenden, um kleine Brände/Entstehungsbrände an Reifen, Bremsen und im Motorraum zu bekämpfen;
- Brände in Ladeabteilen dürfen nicht von Mitgliedern der Fahrzeugbesatzung bekämpft werden;
- sofern dies gefahrlos möglich ist, Bordausrüstung verwenden, um das Eintreten von Stoffen in Gewässer oder in die Kanalisation zu verhindern und um ausgetretene Stoffe einzudämmen;
- sich aus der unmittelbaren Umgebung des Unfalls oder Notfalls entfernen, andere Personen auffordern, sich zu entfernen, und die Weisungen der Einsatzkräfte befolgen;
- kontaminierte Kleidung und gebrauchte kontaminierte Schutzausrüstung ausziehen und sicher entsorgen.

Zusätzliche Hinweise für die Mitglieder der Fahrzeugbesatzung über die Gefahreneigenschaften von gefährlichen Gütern nach Klassen und über die in Abhängigkeit von den vorherrschenden Umständen zu ergreifenden Maßnahmen

Gefahrzettel und Großzettel (Placards)	Gefahreneigenschaften	Zusätzliche Hinweise
(1)	(2)	(3)
Explosive Stoffe und Gegenstände mit Explosivstoff 1 1.5 1.6	Kann eine Reihe von Eigenschaften und Auswirkungen wie Massendetonation, Splitterwirkung, starker Brand/Wärmefluss, Bildung von hellem Licht, Lärm oder Rauch haben. Schlagempfindlich und/oder stoßempfindlich und/oder wärmeempfindlich.	Schutz abseits von Fenstern suchen.
Explosive Stoffe und Gegenstände mit Explosivstoff 1.4	Leichte Explosions- und Brandgefahr.	Schutz suchen.
Entzündbare Gase 2.1	Brandgefahr. Explosionsgefahr. Kann unter Druck stehen. Erstickungsgefahr. Kann Verbrennungen und/oder Erfrierungen hervorrufen. Umschließungen können unter Hitzeeinwirkung bersten.	Schutz suchen. Nicht in tief liegenden Bereichen aufhalten.
Nicht entzündbare, nicht giftige Gase 2.2	Erstickungsgefahr. Kann unter Druck stehen. Kann Erfrierungen hervorrufen. Umschließungen können unter Hitzeeinwirkung bersten.	Schutz suchen. Nicht in tief liegenden Bereichen aufhalten.
Giftige Gase 2.3	Vergiftungsgefahr. Kann unter Druck stehen. Kann Verbrennungen und/oder Erfrierungen hervorrufen. Umschließungen können unter Hitzeeinwirkung bersten.	Notfallfluchtmaske verwenden. Schutz suchen. Nicht in tief liegenden Bereichen aufhalten.
Entzündbare flüssige Stoffe 3	Brandgefahr. Explosionsgefahr. Umschließungen können unter Hitzeeinwirkung bersten.	Schutz suchen. Nicht in tief liegenden Bereichen aufhalten.
Entzündbare feste Stoffe, selbstzersetzliche Stoffe, polymerisierende Stoffe und desensibilisierte explosive feste Stoffe 4.1	Brandgefahr. Entzündbar oder brennbar, kann sich bei Hitze, Funken oder Flammen entzünden. Kann selbstzersetzliche Stoffe enthalten, die unter Einwirkung von Hitze, bei Kontakt mit anderen Stoffen (wie Säuren, Schwermetallverbindungen oder Aminen), bei Reibung oder Stößen zu exothermer Zersetzung neigen. Dies kann zur Bildung gesundheitsgefährdender und entzündbarer Gase oder Dämpfe oder zur Selbstentzündung führen. Umschließungen können unter Hitzeeinwirkung bersten. Explosionsgefahr desensibilisierter explosiver Stoffe bei Verlust des Desensibilisierungsmittels.	
Selbstentzündliche Stoffe 4.2	Brandgefahr durch Selbstentzündung bei Beschädigung von Versandstücken oder Austritt von Füllgut. Kann heftig mit Wasser reagieren.	
Stoffe, die in Berührung mit Wasser entzündbare Gase entwickeln 4.3	Bei Kontakt mit Wasser Brand- und Explosionsgefahr.	Ausgetretene Stoffe sollten durch Abdecken trocken gehalten werden.

Zusätzliche Hinweise für die Mitglieder der Fahrzeugbesatzung über die Gefahreneigenschaften von gefährlichen Gütern nach Klassen und über die in Abhängigkeit von den vorherrschenden Umständen zu ergreifenden Maßnahmen

Gefahrzettel und Großzettel (Placards)	Gefahreneigenschaften	Zusätzliche Hinweise
(1)	(2)	(3)
Entzündend (oxidierend) wirkende Stoffe 5.1	Gefahr heftiger Reaktion, Entzündung und Explosion bei Berührung mit brennbaren oder entzündbaren Stoffen.	Vermischen mit entzündbaren oder brennbaren Stoffen (z.B. Sägespäne) vermeiden.
Organische Peroxide 5.2	Gefahr exothermer Zersetzung bei erhöhten Temperaturen, bei Kontakt mit anderen Stoffen (wie Säuren, Schwermetallverbindungen oder Aminen), Reibung oder Stößen. Dies kann zur Bildung gesundheitsgefährdender und entzündbarer Gase oder Dämpfe oder zur Selbstentzündung führen.	Vermischen mit entzündbaren oder brennbaren Stoffen (z.B. Sägespäne) vermeiden.
Giftige Stoffe 6.1	Gefahr der Vergiftung beim Einatmen, bei Berührung mit der Haut oder bei Einnahme. Gefahr für Gewässer oder Kanalisation.	Notfallfluchtmaske verwenden.
Ansteckungsgefährliche Stoffe 6.2	Ansteckungsgefahr. Kann bei Menschen oder Tieren schwere Krankheiten hervorrufen. Gefahr für Gewässer oder Kanalisation.	
Radioaktive Stoffe 7A 7B 7C 7D	Gefahr der Aufnahme und der äußeren Bestrahlung.	Expositionszeit beschränken.
Spaltbare Stoffe 7E	Gefahr nuklearer Kettenreaktion.	
Ätzende Stoffe 8	Verätzungsgefahr. Kann untereinander, mit Wasser und mit anderen Stoffen heftig reagieren. Ausgetretener Stoff kann ätzende Dämpfe entwickeln. Gefahr für Gewässer oder Kanalisation.	
Verschiedene gefährliche Stoffe und Gegenstände 9 9A	Verbrennungsgefahr. Brandgefahr. Explosionsgefahr. Gefahr für Gewässer oder Kanalisation.	

Bem. 1. Bei gefährlichen Gütern mit mehrfachen Gefahren und bei Zusammenladungen muss jede anwendbare Eintragung beachtet werden.
2. Die in der Spalte 3 der Tabelle angegebenen zusätzlichen Hinweise können angepasst werden, um die Klassen der zu befördernden gefährlichen Güter und die Beförderungsmittel wiederzugeben.

Zusätzliche Hinweise für die Mitglieder der Fahrzeugbesatzung über die Gefahreneigenschaften von gefährlichen Gütern, die durch Kennzeichen angegeben sind, und über die in Abhängigkeit von den vorherrschenden Umständen zu ergreifenden Maßnahmen

Kennzeichen	Gefahreneigenschaften	Zusätzliche Hinweise
(1)	(2)	(3)
Umweltgefährdende Stoffe	Gefahr für Gewässer oder Kanalisation.	
Erwärmte Stoffe	Gefahr von Verbrennungen durch Hitze.	Berührung heißer Teile der Beförderungseinheit und des ausgetretenen Stoffes vermeiden.

Ausrüstung für den persönlichen und allgemeinen Schutz für die Durchführung allgemeiner und gefahrenspezifischer Notfallmaßnahmen, die sich gemäß Abschnitt 8.1.5 des ADR an Bord der Beförderungseinheit befinden muss

Die folgende Ausrüstung muss sich an Bord der Beförderungseinheit befinden:

- ein Unterlegkeil je Fahrzeug, dessen Abmessungen der höchstzulässigen Gesamtmasse des Fahrzeugs und dem Durchmesser der Räder angepasst sein müssen;
- zwei selbststehende Warnzeichen;
- Augenspülflüssigkeit [a] und

für jedes Mitglied der Fahrzeugbesatzung

- eine Warnweste;
- ein tragbares Beleuchtungsgerät;
- ein Paar Schutzhandschuhe und
- eine Augenschutzausrüstung.

Für bestimmte Klassen vorgeschriebene zusätzliche Ausrüstung:

- an Bord von Beförderungseinheiten für die Gefahrzettel-Nummer 2.3 oder 6.1 muss sich für jedes Mitglied der Fahrzeugbesatzung eine Notfallfluchtmaske befinden;
- eine Schaufel [b];
- eine Kanalabdeckung [b];
- ein Auffangbehälter [b].

[a] Nicht erforderlich für Gefahrzettel der Muster 1, 1.4, 1.5, 1.6, 2.1, 2.2 und 2.3.
[b] Nur für feste und flüssige Stoffe mit Gefahrzettel-Nummer 3, 4.1, 4.3, 8 oder 9 vorgeschrieben.

Die schriftlichen Weisungen beinhalten

- Maßnahmen bei Unfall oder Notfall,
- Hinweise über Gefahreigenschaften aller Gefahrklassen,
- persönliche und allgemeine Schutzausrüstung für Notfallmaßnahmen.

Hinweis: Notfall-Nummern gehören nicht auf die schriftlichen Weisungen!

Der Beförderer hat dafür zu sorgen, dass die schriftlichen Weisungen mitgegeben werden und aktuell sind.

3.6 Fürs Gedächtnis

! **Begleitpapiere nach ADR** sind u.a.: Beförderungspapier, schriftliche Weisungen, Lichtbildausweis, ADR-Zulassungsbescheinigung, ADR-Schulungsbescheinigung, Bescheinigung über die Prüfung des Aufsetztanks.

! Die **ADR-Zulassungsbescheinigung** ist erforderlich für:
- Tankfahrzeuge (Lkw, Anhänger, Sattelanhänger, Silotankfahrzeuge) bei einem Fassungsraum > 1 m³
- Trägerfahrzeuge für Aufsetztanks (Fassungsraum > 1 m³)
- Batterie-Fahrzeuge (Fassungsraum > 1 m³)
- Trägerfahrzeuge für Tankcontainer, ortsbewegliche Tanks oder MEGC (Fassungsraum > 3 m³)
- jedes ziehende Fahrzeug der vorher genannten Fahrzeugarten
- MEMU

! Die ADR-Zulassungsbescheinigung wird in der Regel für **ein Jahr** ausgestellt, jedoch nicht länger als bis zur nächsten fälligen Tankprüfung bei Tankfahrzeugen und Batterie-Fahrzeugen.

! Aufsetztanks benötigen ggf. eine **„Bescheinigung über die Prüfung des Aufsetztanks“**.

! **Tankcontainer** benötigen keine ADR-Zulassungsbescheinigung.

! **IBC** sind keine Tankcontainer (auch nicht bei 3 m³ Fassungsraum).

! Eine **Fahrwegbestimmung** ist ggf. erforderlich, wenn in § 35b GGVSEB genannte gefährliche Güter befördert werden.

! Der Fahrzeugführer hat die bei Fahrwegbestimmungen festgelegte **Fahrtroute** und eventuelle **Nebenbestimmungen** einzuhalten.

! Hinweise aus den **schriftlichen Weisungen** beachten.

3.7 Kontrollfragen

1. Sie befördern Gefahrgut in einem 2000-Liter-Aufsetztank mit (Solo-) Lkw. Welche zusätzliche Bescheinigung müssen Sie ggf. bei innerstaatlichen Transporten mitführen?

- ❏ A Die Urlaubsbescheinigung Ihres Arbeitgebers
- ❏ B Die Schulungsbescheinigungen gemäß BKrFQG
- ❏ C Die Bescheinigung über die Prüfung des Aufsetztanks
- ❏ D Die Unbedenklichkeitsbescheinigung der IHK (3.3)

2. Welches Begleitpapier gibt dem Fahrzeugführer Auskunft über die Eignung eines Tankfahrzeugs, mit einem bestimmten Gut befüllt zu werden?

- ❏ A Schriftliche Weisungen
- ❏ B Beförderungspapier
- ❏ C ADR-Zulassungsbescheinigung
- ❏ D ADR-Schulungsbescheinigung (3.2)

3. In welchem Begleitpapier kann der Fahrzeugführer nachlesen, bis zu welchem Datum er Gefahrgut in einem Tankfahrzeug befördern darf?

- ❏ A In der ADR-Zulassungsbescheinigung
- ❏ B In den schriftlichen Weisungen
- ❏ C Im Fahrzeugschein
- ❏ D Im Beförderungspapier (3.2)

4. Für welche Fahrzeuge ist eine ADR-Zulassungsbescheinigung erforderlich?

- ❏ A Für alle Tankfahrzeuge zur Beförderung gefährlicher Güter
- ❏ B Nur für Fahrzeuge bis 7,5 Tonnen Gesamtgewicht
- ❏ C Für alle Fahrzeuge bis 3,5 Tonnen Gesamtgewicht
- ❏ D Nur für Tankfahrzeuge, mit denen §-35-Güter befördert werden (3.2.1)

5. **In welchem Fall ist die ADR-Zulassungsbescheinigung für ein Tankfahrzeug mitzuführen?**

❏ A Nur bei Mehrkammertankfahrzeugen

❏ B Nur beim Transport von §-35-Gütern

❏ C Immer

❏ D Nur bei vollem Tank (3.2)

6. **Dürfen in einem Saug-Druck-Tankfahrzeug giftige und ätzende Stoffe transportiert werden?**

❏ A Ja, wenn dies nach der ADR-Zulassungsbescheinigung zulässig ist

❏ B Nein, da die Kippsicherheit nicht gewährleistet ist

❏ C Ja, wenn das Fahrzeug mit Funk ausgestattet ist

❏ D Ja, wenn ein Beifahrer mitfährt (3.2.2)

7. **Worüber informieren die schriftlichen Weisungen?**

❏ A Notfallnummer und Ansprechpartner des Beförderers

❏ B Verhaltensweisen für Behörden

❏ C Notfallmaßnahmen für die Fahrzeugbesatzung

❏ D Gefahrenhinweise für den Empfänger (3.5)

8. **Wo kann der Fahrer eines Tankfahrzeugs feststellen, ob die Nummern zur Kennzeichnung des Stoffes (UN-Nummern) auf den orangefarbenen Tafeln stimmen?**

❏ A In der Fahrwegbestimmung

❏ B In der ADR-Zulassungsbescheinigung des Fahrzeugs

❏ C In der GGVSEB-Durchführungsrichtlinie

❏ D Im Beförderungspapier (3.1)

9. **Was muss im Beförderungspapier für ein ungereinigtes leeres Tankfahrzeug angegeben sein?**

- ❏ A Das Kfz-Kennzeichen
- ❏ B Das letzte Ladegut
- ❏ C Der letzte Entladeort/-kunde
- ❏ D Der Fahrweg (3.1)

10. **Welchem Dokument kann man den Tunnelbeschränkungscode eines Gefahrguts entnehmen?**

- ❏ A Dem Beförderungspapier
- ❏ B Den schriftlichen Weisungen
- ❏ C Der ADR-Zulassungsbescheinigung
- ❏ D Der Fahrwegbestimmung (3.1)

11. **Welches der genannten Dokumente ist ein Begleitpapier gemäß ADR?**

- ❏ A Der Fahrzeugschein
- ❏ B Die Tankakte
- ❏ C Die Fahrerkarte
- ❏ D Das Beförderungspapier (3.6)

12. **In welcher Sprache oder in welchen Sprachen müssen schriftliche Weisungen mitgegeben werden?**

- ❏ A In der Sprache des Herstellers des Gefahrguts
- ❏ B In den Sprachen aller durchfahrenen Länder
- ❏ C In der Sprache bzw. den Sprachen der Fahrzeugbesatzung
- ❏ D In der Sprache des Empfängerlandes (3.5)

4 Fahrzeug- und Beförderungsarten, Umschließungen, Ausrüstung

4.1 Unterschiedliche Tankfahrzeuge

4.1.1 Bauart und Verwendungszweck

Je nach Verwendungszweck werden Tankfahrzeuge in unterschiedlicher Bauart ausgeführt, z.B. als

- **drucklos betriebene Tanks,** z.B. für Mineralöle, wie Kraftstoffe oder Heizöl, leicht (Gefahrklasse 3)

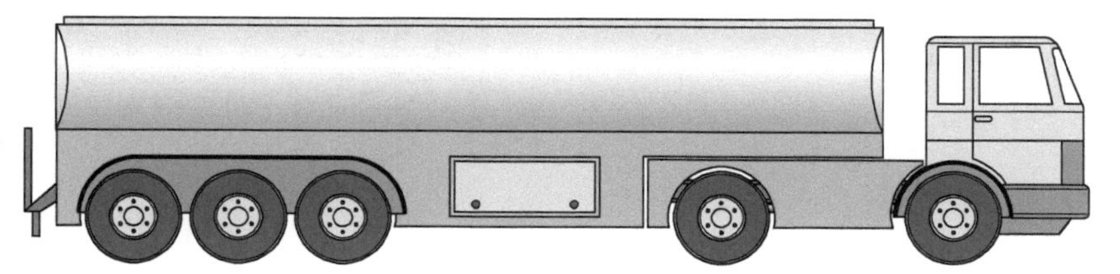

- **vakuumisolierte Tanks** für tiefgekühlt verflüssigte Gase (Gefahrklasse 2)

- **Batterie-Fahrzeuge** für hochverdichtete Gase

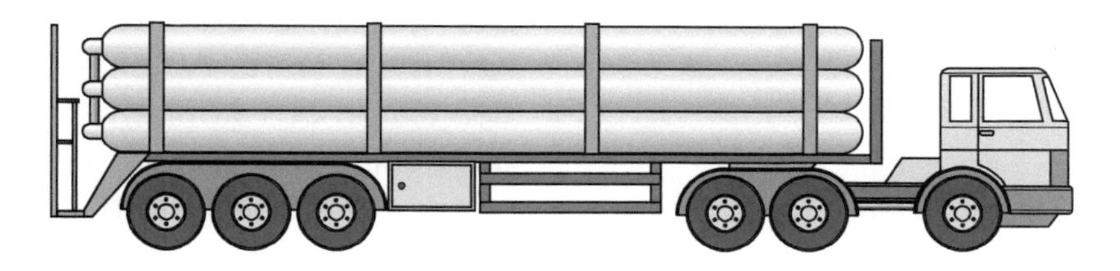

- feststoffisolierte oder nicht isolierte **Drucktanks**, z.B. für Chemikalien, Bitumen oder unter Druck verflüssigte Gase

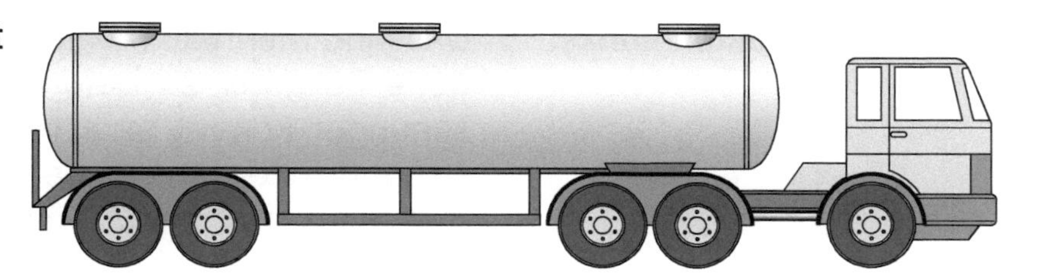

- **Silotanks** für pulverförmige oder körnige Güter

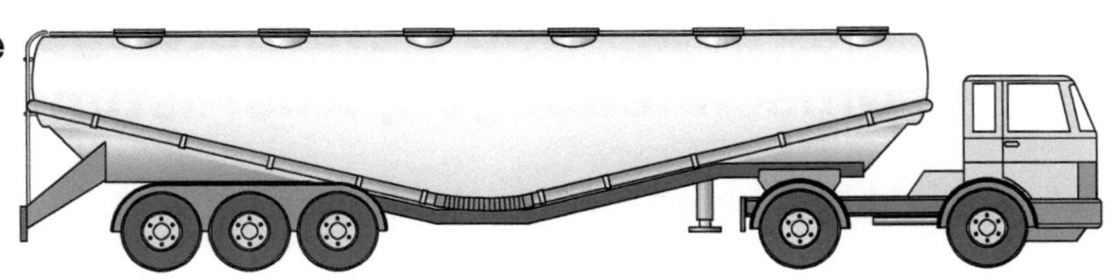

- **Saug-Druck-Tanks** z.B. für die Entsorgung flüssiger oder schlammartiger Abfälle

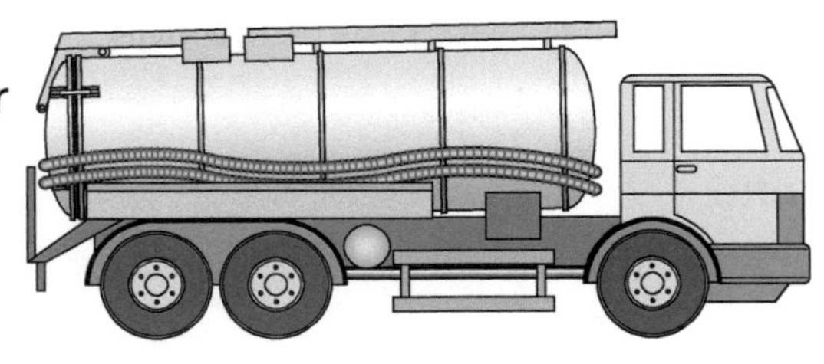

4.1.2 Tankaufteilung

- Einkammer-Tanks: Bestehen nur aus einer Kammer (einem Abteil), können aber sehr wohl Schwallwände für stabilere Fahreigenschaften enthalten.

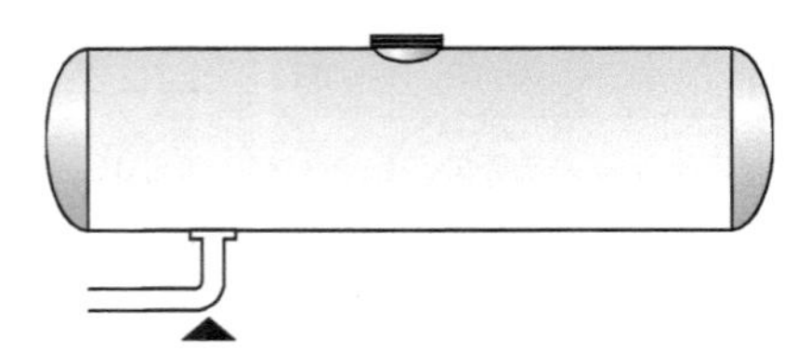

- Mehrkammer-Tanks: Der gesamte Behälter ist in einzelne, separate Tank-Kammern (Tank-Abteile) unterteilt. Je nach Unterteilung der Kammern können zusätzlich Schwallwände eingebaut sein. In Mehrkammer-Tanks mit nur einem gemeinsamen Abgabesystem darf nur **ein** Produkt befördert werden.

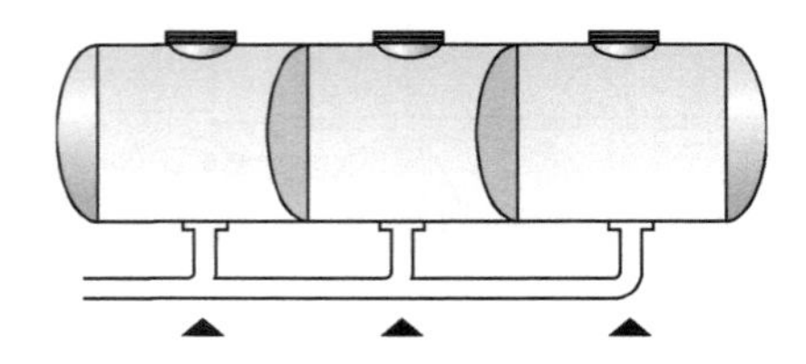

- Mehrprodukten-Tanks: Das sind Mehrkammer-Tanks, die es erlauben, verschiedene Füllgüter zu befördern, ohne dass es zu Vermischungen kommt, auch nicht im Abgabesystem. Um das zu gewährleisten, haben diese Fahrzeuge entweder mehrere voneinander unabhängige einzelne Abgabeleitungen oder ein durch Schieber und Ventile trennbares Abgabesystem (Kollektoren).

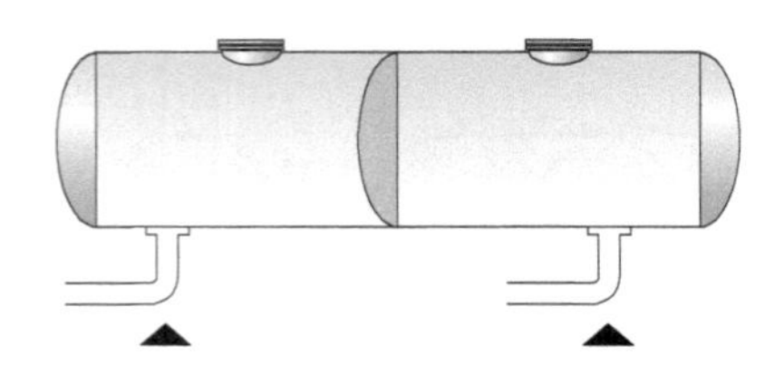

Der Kollektor ist ein kompaktes Produktsammelrohr mit Anschlüssen an die einzelnen Tankwagenkammern auf der einen Seite und den Abgabearmaturen auf der anderen Seite. (Quelle: FMC Technologies)

Chemietankfahrzeug mit Einzelkammerauslässen, d.h., jede Kammer hat eine eigene Abgabeleitung oder ein eigenes Abgabesystem.

4.2 Unterschiedliche Tanks

4.2.1 Begriffserklärungen

Tankkörper (für Tanks)

ist der Teil des Tanks, der den zu befördernden Stoff enthält, einschließlich der Öffnungen und ihrer Verschlüsse, jedoch ohne Bedienungsausrüstung und äußere bauliche Ausrüstung.

Tanks sind

- **festverbundene Tanks** (Fassungsraum > 1000 l) oder
  oder
- **Aufsetztanks** (Fassungsraum > 450 l)
  oder
- **Elemente eines Batterie-Fahrzeugs oder MEGC**
  - Flaschen, Großflaschen oder
  - Druckfässer oder
  - Flaschenbündel oder
  - Tanks

  oder
- **ortsbewegliche Tanks***)
  oder
- **Tankcontainer.**
  Ein Tankwechselaufbau (Tankwechselbehälter) gilt auch als Tankcontainer.

*) *Ein „ortsbeweglicher Tank“ wird als multimodaler Tank definiert. Kapitel 6.7 ADR enthält Vorschriften für Auslegung, Bau und Prüfung. In der Regel unterscheiden sich ortsbewegliche Tanks (ursprünglich aus dem Seeverkehr) äußerlich nicht von Tankcontainern.*

- **Fassungsraum** (eines Tankkörpers oder Tankkörperabteils) ist das gesamte Innenvolumen in Liter oder Kubikmeter. Ist z.B. wegen der Form ein vollständiges Befüllen nicht möglich, dann ist dieser geringere Fassungsraum maßgeblich für Füllungsgrad und Kennzeichnung.

„Aufgesetzte“ Domarmatur:
Keine Bereiche, die nicht befüllt werden können.

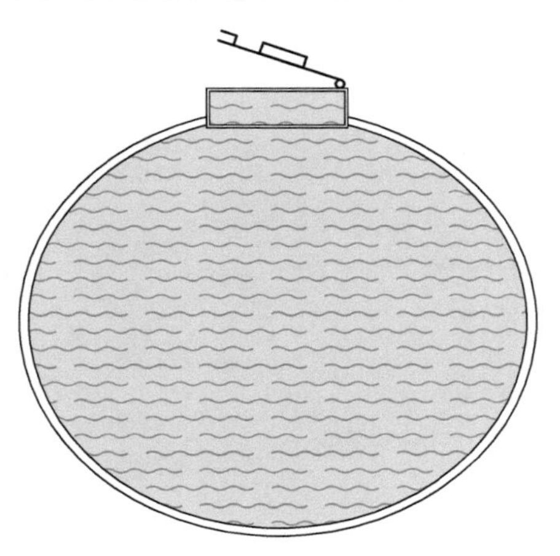

„Versenkte“ Domarmatur:
Bereiche, die nicht befüllt werden können.

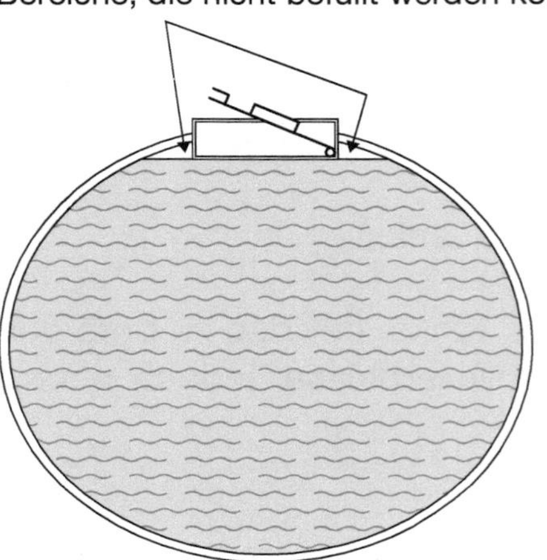

- **Tankfahrzeug** ist ein Fahrzeug mit einem oder mehreren festverbundenen Tanks zur Beförderung von flüssigen, gasförmigen, pulverförmigen oder körnigen Stoffen.

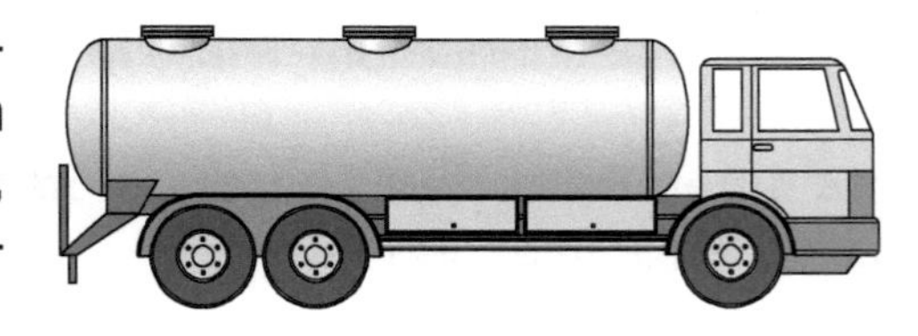

„Silofahrzeuge“ **können** auch Tankfahrzeuge im Sinne des ADR sein. Dann braucht der Fahrer die ADR-Schulungsbescheinigung Tank.

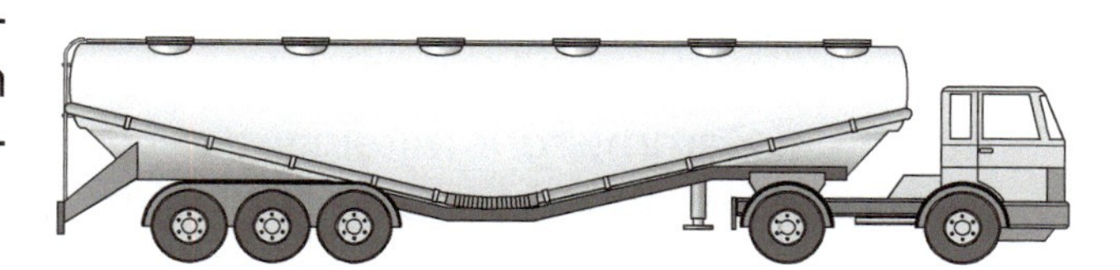

Bemerkung:

Werden in einem Silofahrzeug feste Gefahrgüter befördert, die zur Beförderung in loser Schüttung zugelassen sind (siehe Basiskurs), benötigen diese Fahrzeuge keine ADR-Zulassungsbescheinigung und sind demnach keine Tankfahrzeuge im Sinne des ADR.

- **Festverbundener Tank** ist ein Tank (Fassungsraum > 1000 l), der durch seine Bauart dauerhaft auf einem Fahrzeug befestigt ist. Dieses Fahrzeug wird damit zum Tankfahrzeug. Auch sog. selbsttragende Tanks (z.B. Anhänger, Auflieger) gelten als festverbundene Tanks.

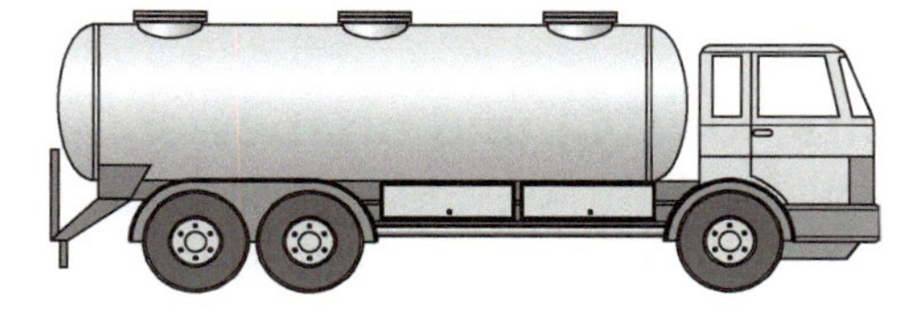

- **Aufsetztank** ist ein Tank mit einem Fassungsraum > 450 l, der seiner Bauart nach dazu bestimmt ist, während der Befüllung, Beförderung und Entleerung mit dem Fahrzeug fest verbunden zu sein, und der gewöhnlich nur im leeren Zustand auf den Fahrzeugaufbau (z.B. Pritsche oder Plattform) gesetzt oder von ihm abgesetzt werden kann.

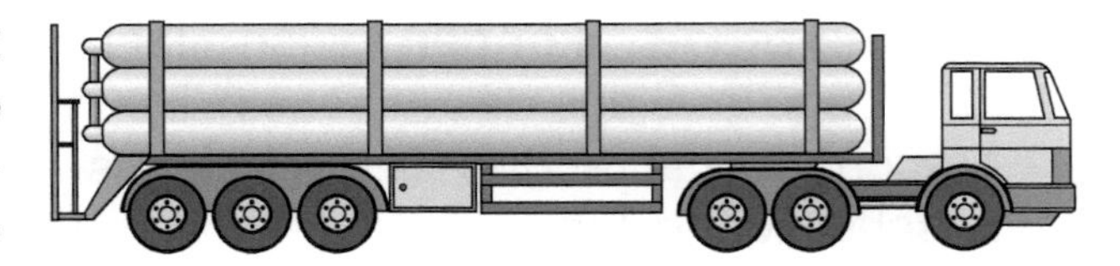

- **Batterie-Fahrzeug** ist ein Fahrzeug mit einem Verbund mehrerer Elemente, die durch ein Sammelrohr miteinander verbunden und dauerhaft auf dem Fahrzeug angebracht sind.

  Die Elemente können sein:

  - Flaschen oder Großflaschen,
  - Flaschenbündel,
  - Druckfässer oder
  - Tanks mit einem Fassungsraum > 450 l.

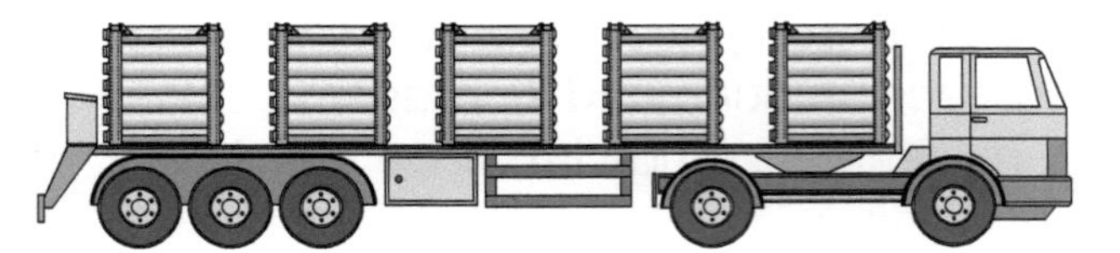

- **MEGC** ist ein Gascontainer mit mehreren Elementen (engl. **M**ultiple **E**lement **G**as **C**ontainer), die durch ein Sammelrohr miteinander verbunden sind. Im Unterschied zu den Elementen eines Batterie-Fahrzeugs sind MEGC nicht dauerhaft mit dem Fahrzeug verbunden, sondern in einem Rahmen eingebaut, der es ermöglicht, den MEGC vom Fahrzeug abzunehmen (Elemente und Fassungsvermögen wie Batterie-Fahrzeug).

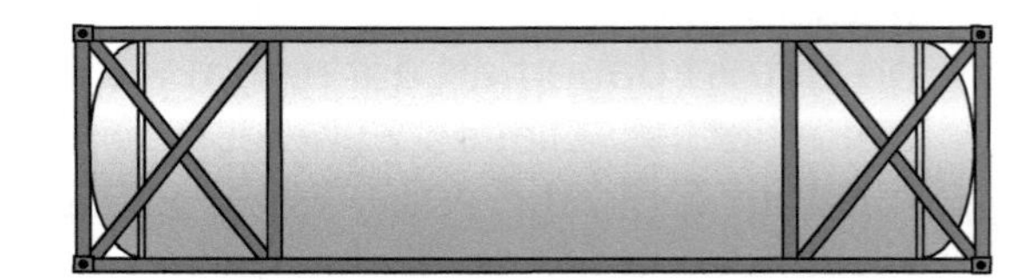

- **Tankcontainer (TC) und ortsbeweglicher Tank** sind Tanks, die in der Regel in ein Rahmenwerk eingebaut sind. Je nach Größe des Tanks hat der Rahmen genormte Abmessungen wie übliche Transportcontainer (20, 30, 40, 45 Fuß). Kleinere Tankcontainer haben meist keine genormten Abmessungen. Der Rahmen gewährleistet, dass der Tankcontainer stapelbar ist, und er gibt dem Tankcontainer die notwendige Stabilität, damit er auch in gefülltem Zustand verladen werden oder von einem Verkehrsmittel auf das andere umgesetzt werden kann, z.B. auf die Eisenbahn.

Quelle: WEW Container Systems GmbH

Tankwechselaufbauten (Tankwechselbehälter) gelten nach dem ADR auch als Tankcontainer.

Ortsbewegliche Tanks sind für den Einsatz im Seeverkehr geeignete spezielle Tankcontainer.

Für die in 2.2.2.1.1 ADR definierten Gase haben ortsbewegliche Tanks/Tankcontainer einen Mindestfassungsraum von 450 l.

4.2.2 Bauformen von Tanks

Für unterschiedliche Beförderungszwecke werden verschiedene Tankarten verwendet.

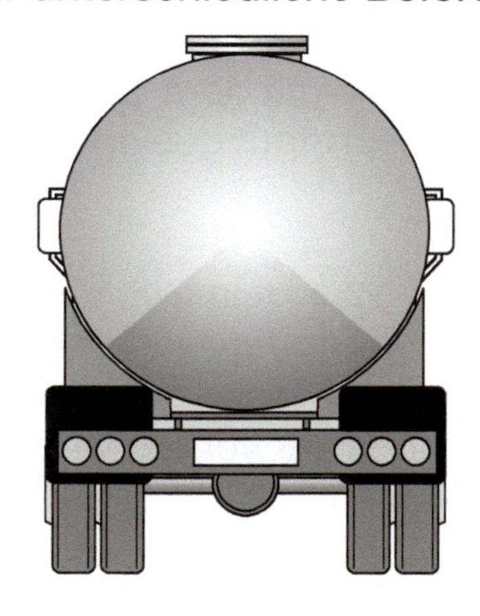
zylindrischer Tank (Rundtank)

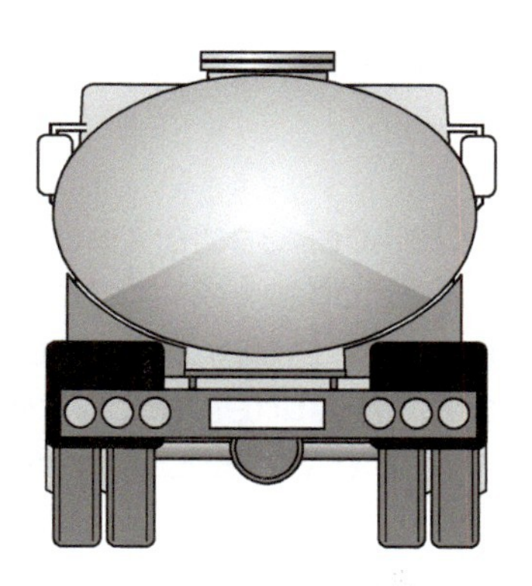
elliptischer Tank

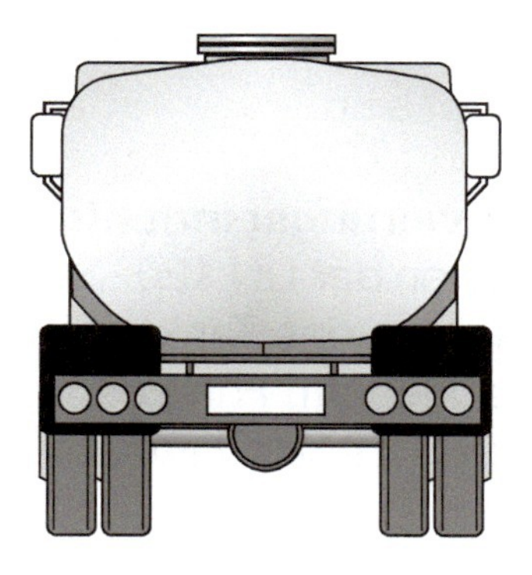
kofferförmiger Tank (Koffertank)

Unterscheidung nach dem Tank-Querschnitt

Tanks, die während der Beförderung oder bei der Be-/Entladung unter Druck stehen, müssen immer als Rundtank ausgeführt sein. Drucklos betriebene Tanks können als Koffer-, elliptischer oder Rundtank ausgeführt sein. Beispiele *siehe Kapitel 4.1.1*. Sie benötigen eine Über- und Unterdruckbelüftungseinrichtung.

4.2.3 Zugfahrzeuge

Als Zugfahrzeuge von Tankfahrzeugen sind **Sattelzugmaschinen** und **Lkw mit oder ohne Tank** üblich.

4.2.4 Anhänger

Anhänger sind ebenfalls Fahrzeuge gemäß ADR. Unterschieden wird hierbei in Sattelanhänger (auch Sattelauflieger genannt) und Deichselanhänger (mit Drehschemel oder einem Zentralachsaggregat). Diese Fahrzeuge können festverbundene Tanks haben oder als Trägerfahrgestelle (Containerchassis/Lafetten) zur Aufnahme von Tankwechselbehältern, Tankcontainern oder Aufsetztanks dienen.

Hier ist auf die richtige Kennzeichnung des Fahrzeugs mit orangefarbenen Tafeln und Großzetteln (Placards) zu achten *(siehe Kapitel 5.2.11)*, besonders wenn die Anhänger abgestellt werden und die Tanks leer, aber nicht gereinigt und nicht gasfrei sind.

4.3 Bedienungsausrüstung (Armaturen) von Tanks

Man unterscheidet Befüll- und Abgabearmaturen. Befüllarmaturen, die sich auf dem Tankscheitel befinden, nennt man Domarmaturen.

Je nachdem, welche gefährlichen Güter befördert werden, müssen die Armaturen unterschiedlich ausgeführt sein. Grundsätzlich müssen alle Armaturen, die mit dem Gefahrgut in Kontakt kommen oder kommen könnten, dicht und für das Transportgut geeignet (verträglich) sein.

Additivierungseinrichtungen sind Teil der Bedienungsausrüstung zur Beimischung von Additiven der UN 1202, 1993 oder 3082 oder von nicht gefährlichen Stoffen während des Entleerens des Tanks. Sie sind entweder integraler Bestandteil eines Tanks oder dauerhaft außen am Fahrzeug angebracht. Es dürfen auch Verpackungen verwendet werden, für die die Additivierungseinrichtung eine Verbindungsmöglichkeit enthält.

Bei dauerhafter Befestigung außerhalb des Tanks darf die Additivierungseinrichtung einen Fassungsraum von maximal 400 l haben, muss aus metallenen Werkstoffen bestehen und Kap. 6.8 ADR entsprechen.

Werden Verpackungen verwendet, müssen diese ebenfalls aus metallenen Werkstoffen bestehen und dürfen nur während des Entleerens des Tanks mit der Additivierungseinrichtung verbunden sein. Während der Beförderung müssen die Versandstücke und die Entnahmeeinrichtungen dicht verschlossen sein.

Hinweis: Die Verwendung von bereits vor dem 1.1.2015 eingebauten Anlagen ist nur mit Zustimmung der zuständigen Behörden der Verwendungsländer erlaubt.

Additivierungseinrichtung

Additivbehälter innerhalb des Armaturenschranks

4.3.1 Domarmaturen

Die wichtigsten Domarmaturen sind

① Fülllochdeckel

② Peilstab (manuell)

③ Kippventil mit Flammendurchschlagsicherung

④ Verriegelung Fülllochdeckel

⑤ Überfüllsicherung

⑥ Domkragen und Überrollschutz

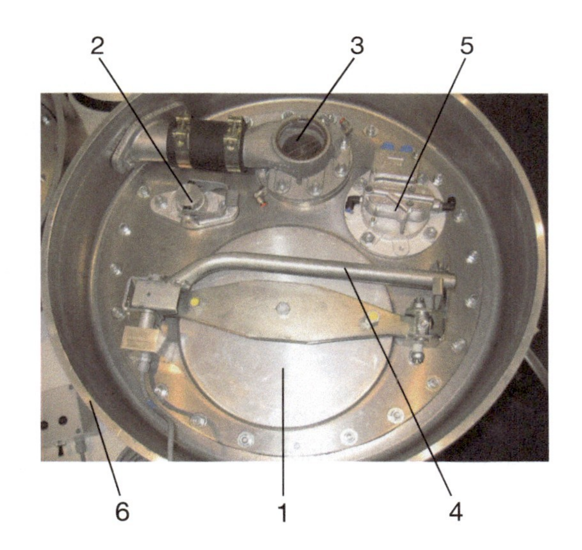

Die einzelnen Domarmaturen sind auf dem Domdeckel angeordnet. Dieser Deckel ist auf dem Mannloch verschraubt. Das Mannloch dient als Einstiegsöffnung bei Reparaturen oder Prüfungen des Tankinnenraumes.

Die Art, Anordnung und Funktion der Domarmaturen kann je nach Einsatzzweck des Tanks variieren.

Kippventil

Das Kippventil kann mehrere Funktionen besitzen:

1. **Über- und Unterdruckbelüftungseinrichtung** für den Tank – Dadurch wird ein Druckausgleich geschaffen, wenn sich das Volumen des Füllgutes infolge Temperaturschwankungen verändert oder wenn Füllgut über die Abgabearmaturen abgelassen wird.
2. **Kippventil** – Wenn das Tankfahrzeug infolge eines Unfalls umkippt, verschließt das Kippventil die Lüftungseinrichtung, so dass zunächst kein Füllgut auslaufen kann. Wenn der Druck im Tank jedoch über ein bestimmtes Maß ansteigt, öffnet das Kippventil, lässt eine begrenzte Menge Füllgut frei und verhindert so, dass der Tank platzt und der gesamte Inhalt ausläuft.
3. **Flammendurchschlagsicherung** – Sie besteht z.B. aus mehreren siebähnlichen metallischen Lagen, durch die eine Flamme nicht hindurchbrennen kann. Sie schützt den Tankinhalt vor Flammeneinwirkung von außen (z.B. infolge einer Verpuffung).
4. **Anschluss für Gaspendelleitung** – In der Regel ist am Kippventilgehäuse ein Flansch angebracht, an den die Gaspendelleitung angeschlossen werden kann.

Peilstab

Der Peilstab dient dazu, den Füllstand des Tankabteils zu ermitteln. Peilstäbe sind meist nicht geeicht. Häufig ist darauf aber eine Markierung für den höchstzulässigen Füllungsgrad angebracht. Dadurch kann beim Befüllen des Tanks von oben eine Überfüllung festgestellt bzw. vermieden werden. Die Peilstaböffnung muss beim Transport sowie bei Be- und Entladung dicht verschlossen sein.

Sicherheitsventil

In Drucktanks ist kein Kippventil eingebaut. Sie sind häufig mit einem Sicherheitsventil ausgerüstet. Zum Schutz vor Verunreinigung durch das Füllgut sind Sicherheitsventile oft durch eine sogenannte Berstscheibe geschützt.

Berstscheiben sind Sonderformen von Druckentlastungseinrichtungen, die bei unzulässigem Druck (Über- oder Unterdruck) im Tank zerstört werden. Berstscheiben schützen nicht nur Tanks, sondern z.B. auch Leitungssysteme, die betriebsbedingt unter Druck stehen (z.B. Rohrleitungen).

Diese Scheiben sind entsprechend dimensioniert und können mit einer federbelasteten Entlastungseinrichtung in Reihe (vorgeschaltet) oder parallel montiert sein. Ohne vorgeschaltete Druckentlastung darf der Berstdruck nicht höher sein als der Prüfdruck des Systems/Tanks.

Weitere Hinweise finden Sie in 6.7.2.8 und 6.7.2.11 bzw. 6.8.2 und 6.8.3 ADR.

Quelle: Fa. Schrader

Berstscheibe im eingebauten Zustand auf einem Tankwagen (Drucktank)

Fülllochdeckel

Über den Fülllochdeckel kann der Tank befüllt werden (Obenbefüllung). Er muss verriegelbar sein. Das Öffnen erfolgt über einen zweistufigen Verriegelungsmechanismus, damit z.B. bei unter Druck stehenden Behältern der Deckel nicht schlagartig „aufspringen" kann und den Befüller verletzt. Die Dichtung des Fülllochdeckels muss frei von Defekten (Rissen) und gegenüber dem Füllgut beständig sein.

Klappgeländer

Aus Gründen der Arbeitssicherheit muss auf Tanks, die betriebsmäßig begangen werden, ein Geländer angebracht sein. Der **Handlauf** des Geländers muss mindestens 1 m hoch reichen. Außerdem müssen an dem Geländer eine **Knieleiste** und eine **Fußleiste**

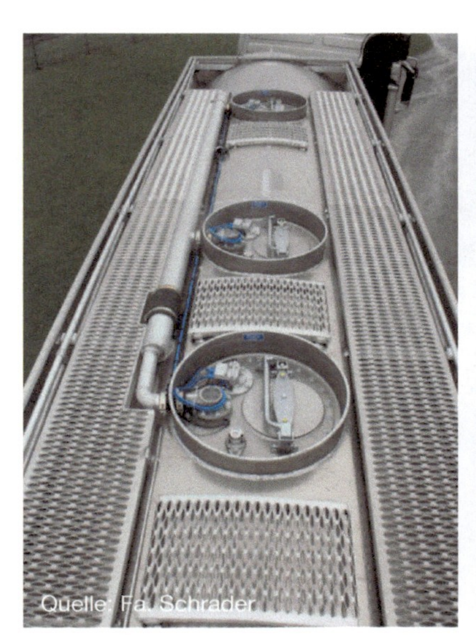

Quelle: Fa. Schrader

Quelle: Fa. Schrader

Links: Gut zu erkennen sind die Laufstege auf beiden Seiten, die Querroste, die Klappgeländer, der Überrollschutz als „hochgezogener Kragen", Gaspendelsammelleitung, Kippventil, Peilstab und Klappdeckel für die Befüllung. Rechts: Tank mit aufgestelltem Klappgeländer.

vorhanden sein. Die Kante der Domwanne ist meist gleichzeitig auch Fußleiste. Das Geländer ist in der Regel klappbar angeordnet. Der Fahrzeugführer/Bediener der Armaturen muss das Geländer immer aufklappen, wenn er auf den Tank steigt. Im Idealfall lässt sich das Geländer schon von unten aufstellen, bevor der Fahrer auf den Tank steigt.

4.3.2 Abgabearmaturen

Fahrzeugtanks verfügen beispielsweise über folgende Abgabearmaturen: Bodenventil, Durchgangsventil, Absperrklappe, Pumpe, Gasmessverhüter, Zähler, Anschlüsse für Leerschlauchabgabe, Anschlüsse für Vollschlauchabgabe (Schlauchtrommel), Filter, Additivierungseinrichtungen.

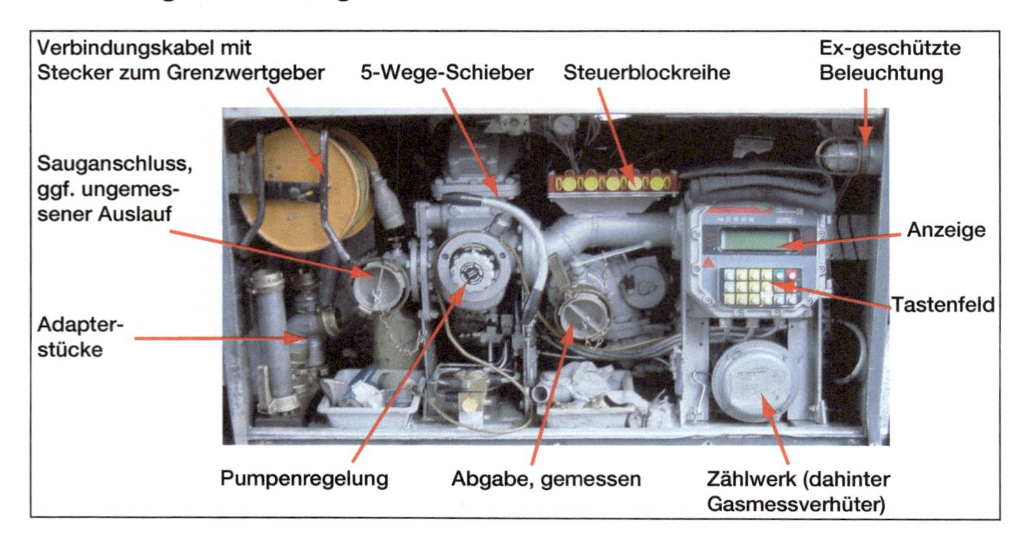

Armaturenschrank eines Tankwagens mit Pump- und Messanlage

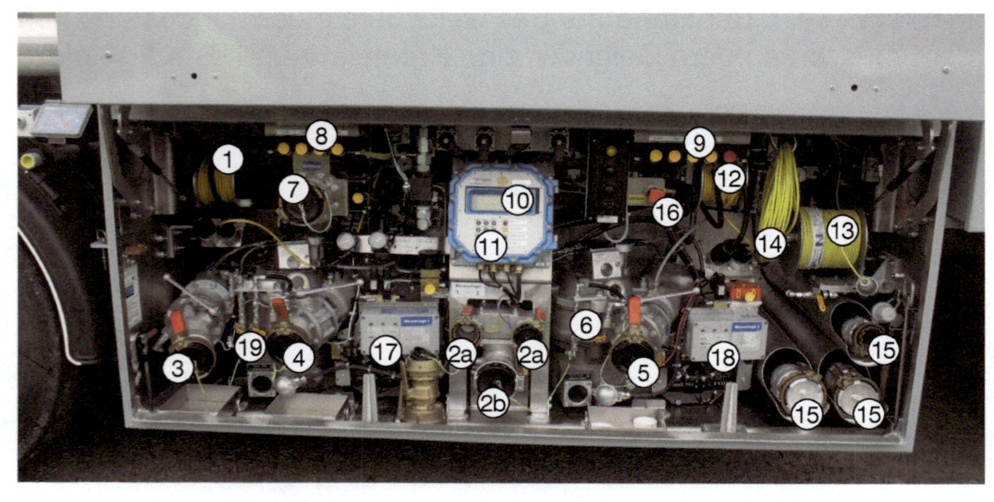

Armaturen für gemessene und ungemessene Abgabe für Ottokraftstoffe (rechts) und Dieselkraftstoffe (links)

1 Grenzwertgeberkabel incl. Produktcode-Stecker
2a Gaspendelanschlüsse 2″
2b Gaspendelanschluss 3″
3 ungemessener Auslauf
4 gemessener Auslauf für Dieselkraftstoffe (linke Seite)
5 gemessener Auslauf für Ottokraftstoffe (rechte Seite)

6 Gasmessverhüter (Ottokraftstoffe)
7 Anschluss für Selbstbefüllung
8 Steuerblock für linke Seite incl. Selbstbefüllung
9 Steuerblockreihe für rechte Seite
10 Anzeige/Display
11 Tastenfeld für Dateneingabe
12 Grenzwertgeberkabel incl. Produktcode-Stecker für Ottokraftstoffe
13 Grenzwertgeberkabel ohne Produktcode-Stecker
14 Automatischer Not-Aus (ANA) incl. Kabelverbindung
15 Leerschläuche in Aufnahmevorrichtung
16 Not-Aus (Unterbrechung aller Vorgänge)
17 Messanlage (linke Seite)
18 Messanlage (rechte Seite)
19 Ausblaseinrichtung für Dieselkraftstoffe

Der **Gasmessverhüter** soll verhindern, dass Luftblasen in den Zähler gelangen und mit gemessen werden. Tritt Luft in den Gasmessverhüter ein, wird der Messvorgang abgeschaltet, bis er sich wieder vollständig mit Produkt gefüllt und die Luft herausgedrückt hat. Durch die Schaugläser kann der Füllstand im Gasmessverhüter kontrolliert werden.

Bei der Belieferung von Endkunden oder Wiederverkäufern ist die Mengenermittlung des Produktes nur mit einem geeichten Zählwerk und Abgabesystem zulässig. Die Eichung ist alle 2 Jahre zu wiederholen und umfasst das Abgabesystem inkl. fest installierte (Voll-) Schlauchleitungen.

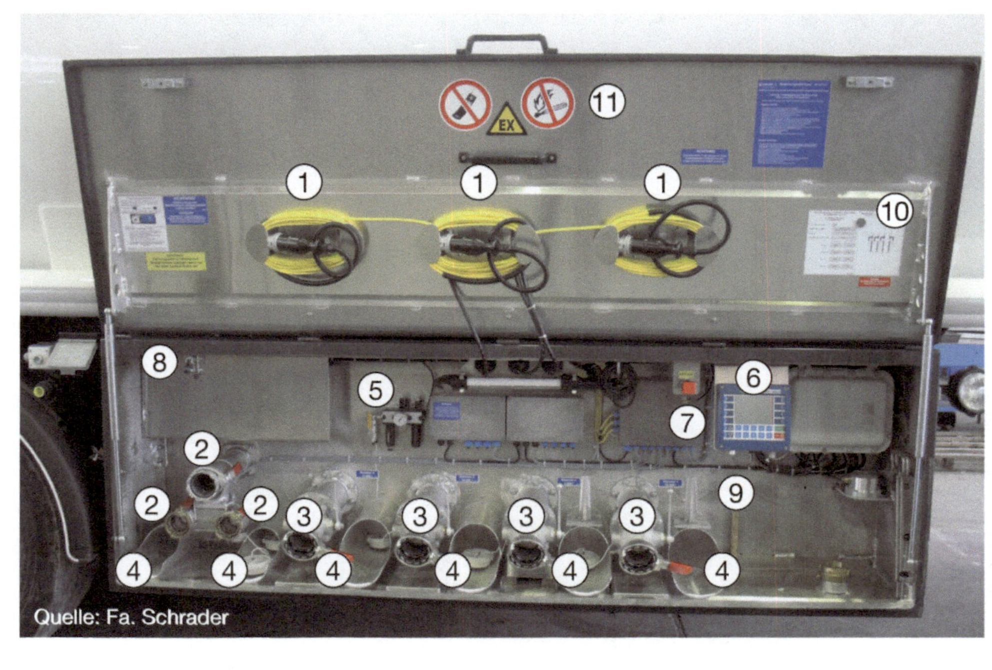

Armaturenschrank mit 4 Einzelauslässen (Mehrprodukten-TKW) – Tankstellenversorger ohne Messeinrichtungen

1 Grenzwertgeberkabel
2 Gaspendelanschlüsse (1 x 3″, 2 x 2″)
3 Ausläufe (Leerschlauch 4 x)

4 Schlauchrohre (Aufbewahrung der Leerschläuche)
5 Wartungseinheit (für Pneumatikanlage)
6 Display und Steuerungseinheit
7 Notausschalter (pneumatisch, unterbricht die Luftzufuhr)
8 Rollenschalter (unterbricht Luftzufuhr durch geschlossene Schrankklappe)
9 Kupferhammer
10 Schaltschema
11 Sicherheitshinweise

4.4 Tanks für unterschiedliche Gase

Für die Beförderung von Gasen sind grundsätzlich Drucktanks erforderlich. Sie haben einen runden Querschnitt (Zylindertanks) und werden von unten befüllt und entleert, d.h., sie besitzen keine Domarmaturen und keine Aufstiege.

4.4.1 Tanks für Flüssiggas

Tanks zur Beförderung von Flüssiggas (z.B. Propan, Butan und deren Gemische) sind in der Regel nicht isoliert. Die Tankwände bestehen aus Stahl mit einer Wanddicke, je nach Verwendungszweck (produktabhängig), zwischen 8 bis 12 mm. Die Tanks halten hohen Innendrücken stand, zum Teil bis 2800 kPa (28 bar).

Tankfahrzeug für Flüssiggas (Propan, Butan und deren Gemische) mit Aufsetztank. Der Tank verfügt über ein Sonnenschutzdach.

4.4.1.1 Drehpeilrohr/Füllstandsanzeige

Um den ungefähren Füllungsgrad eines Flüssiggastankwagens feststellen zu können, ist in den Tank häufig ein Drehpeilrohr eingebaut, oder die Tanks sind mit einer Füllstandsanzeige seitlich oder am Heck ausgerüstet, um unzulässige Füllungsgrade zu verhindern.

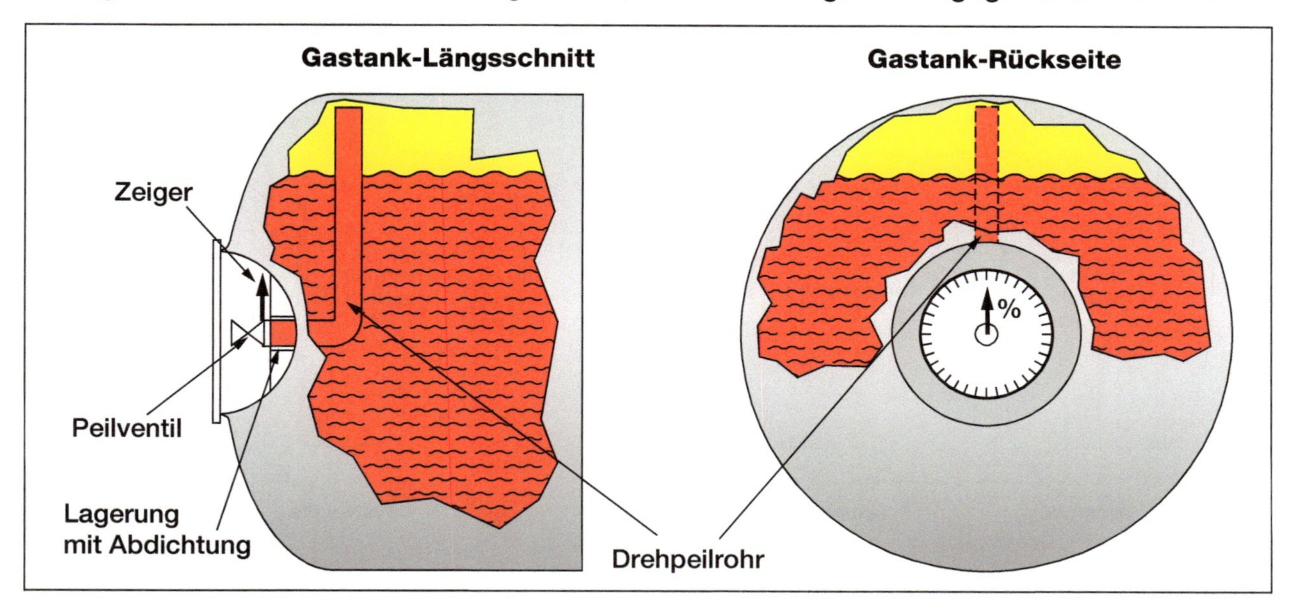

Ein Ende des Drehpeilrohrs ist drehbar an der hinteren Tankwand gelagert und mit einem Peilventil und einem Zeiger versehen. Das andere Ende ragt an den inneren Tankmantel. Mittels des Zeigers kann das Drehpeilrohr am Tankmantel über den gesamten Tankumfang geführt werden.

Der Füllungsgrad wird folgendermaßen ermittelt:
Zeiger und damit auch Drehpeilrohr werden zunächst in die obere Stellung (12-Uhr-Stellung) gebracht. Nach **Anlegen der spezifischen persönlichen Schutzausrüstung (inkl. isolierenden Schutzhandschuhen, Schutzbrille und geschlossenem geeignetem Arbeitsanzug)** wird das Peilventil geöffnet, es strömt Gas in gasförmiger Phase aus. Dann wird das Drehpeilrohr langsam mit dem Zeiger in Richtung untere Stellung gedreht. In dem Moment, in dem das Drehpeilrohr in die Flüssigphase des Gases eintaucht, tritt das Gas flüssig aus dem Peilventil aus. Der Füllungsgrad kann an einer Skala, über die der Zeiger streicht, abgelesen werden.

4.4.1.2 Normalpeilrohr/Kontrollpeilrohr

Um Überfüllungen von Flüssiggastankwagen zu vermeiden, sind in diese Fahrzeuge **Normal- und Kontrollpeilrohre** eingebaut. Da diese Peilrohre feststehend sind, heißen sie auch **Standpeilrohre**. Meist sind mehrere Standrohrpaare in unterschiedlichen Längen für unterschiedliche Gasarten und Temperaturbereiche installiert.

Gegen Ende des Befüllvorgangs (etwa 70 % Füllungsgrad) öffnet der Fahrzeugführer das Normalpeilrohr. Es tritt Gas in gasförmiger Phase aus dem Peilventil aus. Bei weiterem Füllen erreicht der Flüssigkeitsstand im Tank die Höhe des Normalpeilrohrs. Jetzt tritt aus dem Peilventil Gas in flüssiger Phase aus. Der Befüllvorgang ist zu stoppen.

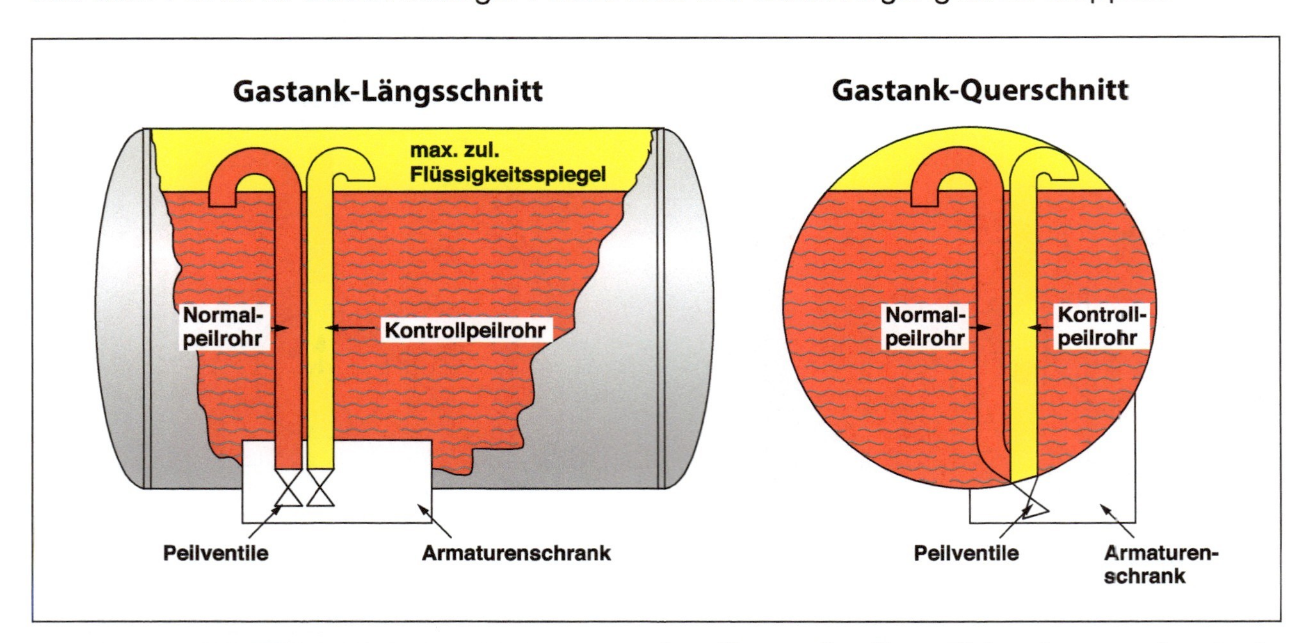

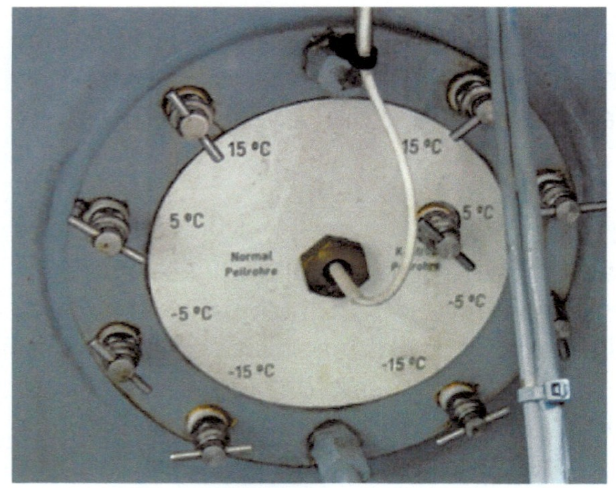

Normal- und Kontrollpeilventile im Armaturenschrank für unterschiedliche Temperaturbereiche (LPG)

Am **Kontrollpeilventil** ist dann zu **kontrollieren**, ob der Tank überfüllt ist. Aus dem Kontrollpeilventil darf Gas nur in gasförmiger Phase austreten. Bei Flüssigkeitsaustritt ist der Tank überfüllt. Es muss wieder so viel Gas zurückgepumpt werden, bis nur noch Gasphase aus dem Kontrollpeilrohr austritt.

Diese Form der Füllstandskontrolle ist natürlich nur für Gase möglich, die keine giftigen oder ätzenden Eigenschaften haben.

Auch wenn der maximale Füllungsgrad noch nicht erreicht ist, hat der Fahrzeugführer immer die **maximal zulässige Gesamtfahrzeugmasse** einzuhalten.

4.4.1.3 Füllstandsanzeiger

Füllstandsanzeiger für Propan/Butan

Im Tank befindet sich ein Schwimmer mit einem Magneten. Der Magnet im Tank überträgt durch die Tankwand hindurch den jeweiligen Stand des Schwimmers auf die außen am Tank angebrachte Füllstandsanzeige. Befindet sich der Schwimmer in waagerechter Position, so ist der Tank zu 50 % gefüllt. Die Schwimmerstange muss an den Tankdurchmesser und die spezifische Dichte des Produkts angepasst sein.

Zur Bestimmung des maximalen Füllungsgrades bei LPG-Tankfahrzeugen (LPG = **L**iquified **P**etroleum **G**as) ist die Kenntnis über das zu ladende Produkt ausschlaggebend. Aufgrund der unterschiedlichen Gemischzusammensetzungen des Flüssiggases (i.d.R. im Beförderungspapier angegeben) ist gemäß der am Tank befestigten Tanktafel der maximale Füllungsgrad zu bestimmen. Die Angaben auf der Tanktafel sind in kg angegeben, so dass vor der Beladung mit Flüssiggas die spezifische Dichte des Gases zur Umrechnung auf Liter herangezogen werden muss.

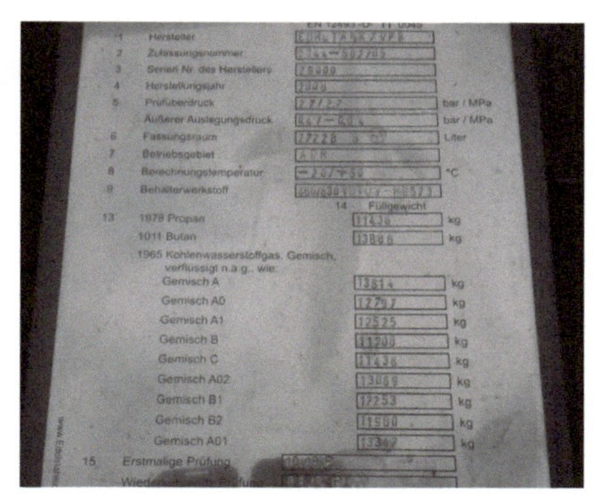

Tanktafel

Unter Flüssiggas (LPG) werden die unter Druck oder durch Kühlung verflüssigten brennbaren Gase Propan und Butan sowie ihre Gemische verstanden (UN 1978, 1011, 1965).

Als Fahrer müssen Sie besonders auf die richtigen Angaben im Beförderungspapier achten, da es aufgrund der Gasgemisch-Varianten schnell zu Fehlern kommen kann.

Vergleichen Sie daher als Fahrer vor der Beladung die Angaben auf Ihrem Lieferauftrag, so dass es zu keiner Überfüllung oder Überladung kommt.

4.4.2 Tanks für verdichtete Gase

Besondere Merkmale:

- sehr hoher Druck der Gase im Behälter
- daher Druckbehälter mit sehr hohem Betriebsdruck erforderlich
- Transport von großen Mengen in Batterie-Fahrzeugen

Grundsätzlich ist sowohl beim Transport als auch beim Umgang mit verdichteten Gasen besondere Vorsicht geboten. Die Einhaltung der geltenden Sicherheitsregeln bietet allen Beteiligten den höchstmöglichen Schutz.

4.4.3 Tanks für tiefgekühlt verflüssigte Gase

Besondere Merkmale:

- Gase können unter erhöhtem Druck stehen
- gute Isolierung des Tanks notwendig
- Einfüllen bei Tiefsttemperaturen
- Drucktanks zur Beförderung tiefgekühlter Gase

Beförderung von Stickstoff in vakuumisoliertem Tank

Beim Umgang mit und beim Transport von tiefkalten Gasen ist aufgrund der besonderen Gefährdung eine umfassende Einweisung zu diesen Produkten notwendig. In vielen Fällen sorgen die Auftraggeber selbst für diese Einarbeitung durch geschultes Fachpersonal und führen regelmäßige Nachschulungen und Sicherheitsunterweisungen durch.

4.5 Tanks für Güter der Gefahrklasse 3

Die am häufigsten transportierten Güter der Gefahrklasse 3 sind Brenn- und Kraftstoffe (Otto-, Dieselkraftstoffe und Heizöl, leicht).

Diese Güter werden meist in drucklos betriebenen Tanks befördert. Solche Tanks müssen nicht rund sein, sie können auch kofferförmig oder elliptisch sein und werden in der Regel aus Aluminiumlegierungen hergestellt.

Koffertanks werden überwiegend für Tankaufbauten auf Fahrgestellen oder Deichselanhängern verwendet.

Die meisten entzündbaren Chemikalien müssen jedoch in Drucktanks befördert werden. Solche Tanks werden auch als „Chemietanks“ bezeichnet (*siehe Kap. 4.6*).

Mineralöltankfahrzeuge als Rundtank …

und als Koffertank

4.6 Chemietanks

Tanks für die Beförderung von Stoffen der Gefahrklassen 5.1, 5.2, 6.1, 8, 9, aber auch 3, (sog. Chemietanks) sind meistens als Drucktanks (runder Querschnitt) ausgelegt. Sie können für Drücke von mindestens 400 kPa (4 bar) bis zu 1500 kPa (15 bar) ausgelegt sein.

Chemietanks sind häufig für eine große Auswahl von Stoffen mit unterschiedlichen Eigenschaften zugelassen. Die verwendeten Tankwerkstoffe müssen mit den laut ADR-Zulassungsbescheinigung erlaubten Füllgütern verträglich sein. Für Chemietanks werden häufig hochlegierte Stähle (z.B. V2A) verwendet. Andere Tanks sind zum Schutz vor aggressiven Füllgütern innen mit einer Schutzauskleidung (z.B. aus Gummi) versehen.

Chemietankfahrzeug; Kammern 1 und 2 kein Gefahrgut, Kammern 3 bis 5 mit Gefahrgut

Einkammer-Bitumen-Tankfahrzeug mit Isolierschicht

Chemietanks verfügen in der Regel nicht über ein Kippventil. Zum Teil sind sie mit einem **Sicherheitsventil** ausgerüstet, das bei einem bestimmten Überdruck im Tank anspricht und den Tank vor Druckschäden schützt (*siehe auch Seite 32*).

Tanks für temperaturempfindliche Güter (Wärme, Kälte) besitzen außen eine **Isolierschicht** (*siehe auch Kap. 4.8.1*). Bei der Befüllung dieser Tanks muss der Fahrzeugführer/Befüller besonders darauf achten, dass vom Füllgut nichts an der Einfüllöffnung vorbeiläuft. Die aggressiven Medien können sonst leicht in undichten Spalten unter die Isolierung dringen und außen an den Tank gelangen. Füllgutreste können auch erst mit Waschwasser oder Regenwasser verdünnt unter die Isolierung gespült werden. An der verkleideten äußeren Tankwand können sie dann für lange Zeit unbemerkt Schäden anrichten.

Besondere Vorsicht ist beim Befüllen mit Bitumen erforderlich. Es darf sich kein Wasser im Tank befinden. Während der Befüllung würde das Wasser mit dem bis zu 210 °C heißen Bitumen aufkochen und schlagartig expandieren. Die besonderen Anforderungen und die Verwendung der persönlichen Schutzausrüstung sind unbedingt einzuhalten.

Durch aufkochendes Bitumen kam es hier zu einer Überfüllung. Das Gut konnte in der Domwanne aufgefangen werden, die Reinigung ist jedoch sehr aufwendig.

4.7 Saug-Druck-Tanks

Saug-Druck-Tanks sind spezielle Tanks mit besonderen Eigenschaften, die erforderlich sind, um schlammartige Stoffe (meist Abfälle) aufzunehmen, zu befördern und zu entsorgen. Sie werden überwiegend von Entsorgungsunternehmen eingesetzt. Die Tanks sind sehr widerstandsfähig und haben folgende Merkmale:

- sie sind vakuumfest,
- halten hohen Innendrücken stand und
- sind meist aus Werkstoffen gefertigt, die sich mit vielen Füllgütern vertragen.

Gerade bei der Entsorgung von aggressiven Stoffgemischen ist es besonders wichtig, dass der Fahrzeugführer darauf achtet, nur solche Güter in den Tank zu füllen, die laut ADR-Zulassungsbescheinigung erlaubt sind.

Im Inneren der Saug-Druck-Tanks befindet sich statt einer Trennwand ein **beweglicher Kolben**, der mit Druckluft verschoben werden kann. So können Flüssigkeiten oder Schlämme über einen Saugschlauch angesaugt werden, wenn die Tankkammer durch Verschieben des Kolbens vergrößert wird. Zum Entleeren des Saug-Druck-Tanks kann der hintere Endboden aufgeklappt werden, und der Kolben schiebt den Inhalt aus. Flüssige Stoffe können auch über einen Schlauch abgegeben werden.

Saug-Druck-Tanks sind mit einer Vielzahl von **Armaturen** für die unterschiedlichen Anwendungen versehen. Es ist deshalb bei Saug-Druck-Tanks besonders wichtig, dass der Fahrzeugführer speziell in die Bedienung der Ausrüstung und die Funktion der einzelnen Aggregate eingewiesen wird.

Saug-Druck-Tanks befördern schlammartige Abfälle sowie auch Stoffe, die keine Abfälle sind.

4.8 Bauliche Ausrüstung von Fahrzeugtanks

4.8.1 Isolierung

Zum Schutz vor Temperaturänderungen des Inhalts werden Tanks häufig isoliert. Die Isolierung besteht meist aus Mineralwolle, Polyurethanschaum oder aus einem evakuierten Zwischenraum (Vakuum).

Isolierung zwischen Tank und Außenblech, hier mit Mineralwolle

4.8.2 Tank-Werkstoffe

Tanks werden heute meist aus einem der folgenden Werkstoffe gebaut:

- Stahl (z.B. für Gastanks)
- Aluminiumlegierungen (z.B. für Mineralölprodukte)
- Edelstahl (z.B. für Chemikalien)
- Faserverstärkter Kunststoff (FVK) (z.B. für Chemikalien)
- Aluminium (z.B. für Wasserstoffperoxid)

4.8.3 Schutzauskleidung

Damit der Tank-Werkstoff nicht von aggressiven Inhalten angegriffen wird, sind manche Tanks innen beschichtet oder ausgekleidet (z.B. mit Email, Gummimischungen oder Latex).

4.8.4 Wanddicke

Eine bestimmte Mindestwanddicke von Tankfahrzeugen ist gemäß ADR immer erforderlich,

1. damit der Tank einem bestimmten inneren Über- oder Unterdruck standhält,
2. damit den wirkenden Kräften, die bei der Fahrt auftreten, standgehalten werden kann (Eigenmasse, besonders bei Fahrmanövern: Schwall),

3. damit das Gut sicher befördert werden kann,
4. damit der Tank auch äußeren Einwirkungen (z.B. durch Unfall) standhalten kann,
5. damit der Tank auch nach einem Umstürzen oder ggf. anschließendem Gleiten auf der Fahrbahn eine gewisse Sicherheit bietet.

Deshalb schreibt das ADR vor, dass die **Wanddicke umso größer** sein muss, **je gefährlicher das Füllgut** ist. Diese Berechnungen sind Bestandteil der Baumusterzulassung.

Unter bestimmten Bedingungen dürfen Tanks mit verminderter Wandstärke betrieben werden; dann sind andere Schutz- und Sicherheitseinrichtungen erforderlich, die das Sicherheitsniveau wieder anheben.

Der Schutz kann z.B. ausgeführt sein

- als Isolierschicht,
- durch innere Verstärkungen,
- bei Aufsetztanks auch durch die Bordwände des Trägerfahrzeugs,
- durch versenkte Domarmaturen,
- durch verstärkte oder doppelte Endböden.

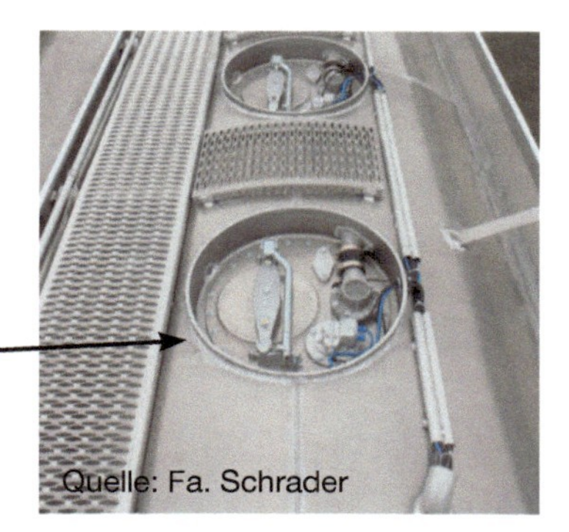

Quelle: Fa. Schrader

Quelle: Jörg Bolenius

Trägerfahrzeug mit Aufsetztanks für Dieselkraftstoff

4.8.5 Hinterer Anfahrschutz

Zum Schutz gegen Auffahren müssen Tankfahrzeuge an ihrer Rückseite mit einem Anfahrschutz ausgerüstet sein. Der Schutz muss über die gesamte Breite des Tanks reichen. Er kann zusätzlich zum nach StVZO generell geforderten Unterfahrschutz angebracht sein.

Eine verstärkte oder doppelte hintere Tankwand (Doppelendboden) bietet meist einen höheren Schutz als ein Anfahrschutz in Form einer Stoßstange. Aufgrund von Ausnahmeregelungen kann bei diesen Tanks auf einen separaten Anfahrschutz verzichtet werden.

Tankfahrzeuge/Batterie-Fahrzeuge müssen gegen Anfahren von hinten besonders geschützt sein.

4.8.6 Aufbau eines Tanks

Benennen Sie die Teile eines Tanks.

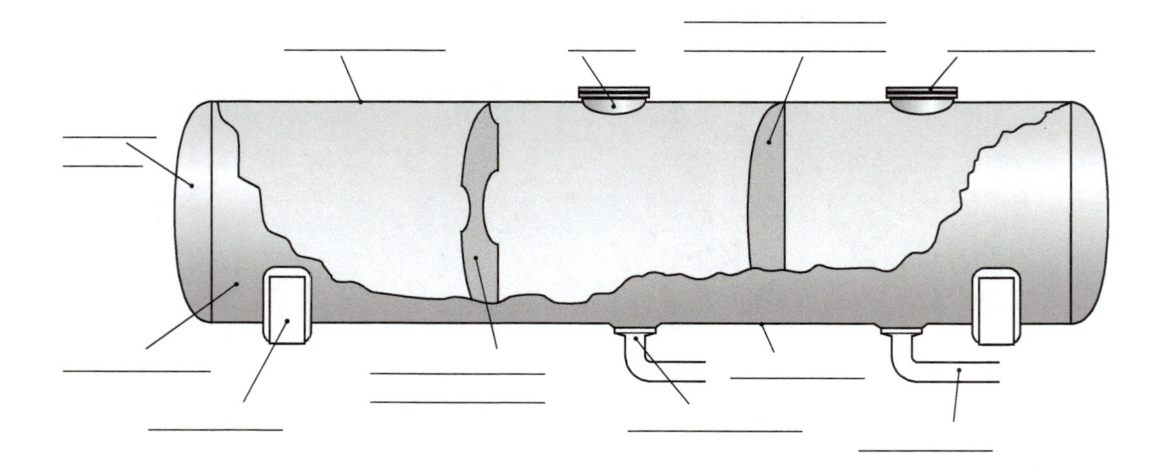

Bestandteile eines Tanks (Mineralöl) als Beispiel

1 Behälter-Außenwand
2 Einschweißkragen für den Domdeckel
3 Schwallwand
4 Schwallwanddurchbrüche
5 Gaspendelleitung
6 Entwässerungsleitung
7 Einschweißflansch für Bodenventil
8 Trennboden zum nächsten Tankabteil (durch die Durchbrüche gesehen)

Eine Schwallwand muss mindestens 70 % der Querschnittsfläche abdecken.

Die Abbildung zeigt deutlich die Schwallwände in einem Tank, hier nach einem Unfall mit anschließendem Brand des Tanks.

4.9 Tankcodierung und Sondervorschriften

Für die Beförderung der unterschiedlichen Gefahrgüter werden Tanks mit bestimmten Eigenschaften benötigt, je nachdem, ob der Tank für flüssige, gas- oder pulverförmige Güter verwendet werden soll.

Ein Tank muss umso dickwandiger gebaut werden, je gefährlicher das Gefahrgut gemäß Einstufung ADR ist, das darin befördert werden soll. Dazu werden Tanks für einen bestimmten Druck berechnet. Je höher der **Berechnungsdruck**, desto dicker die Tankwandung.

Diese Eigenschaften sowie bestimmte Einrichtungen und Ausrüstungen des Tanks wie **Öffnungen** und **Sicherheitsventile** werden in der sog. Tankcodierung zusammengefasst.

4.9.1 Tankcodierung für flüssige und pulverförmige Güter der Gefahrklassen 1 und 3 bis 9

Die Tankcodierung für flüssige und pulverförmige Güter besteht aus vier Teilen (Buchstaben und Zahlen), deren Bedeutung in der folgenden Tabelle beschrieben ist.

Teil	Beschreibung	Tankcodierung
1	**Tanktyp**	**L** = Tank für Stoffe in flüssigem Zustand (flüssige Stoffe oder feste Stoffe, die in geschmolzenem Zustand zur Beförderung aufgegeben werden) **S** = Tank für Stoffe in festem (pulverförmigem oder körnigem) Zustand
2	**Berechnungs-druck**	**G** = Mindestberechnungsdruck gemäß allgemeinen Vorschriften des Absatzes 6.8.2.1.14 **1,5/2,65/4/10/15 oder 21** = Mindestberechnungsdruck in bar (siehe Absatz 6.8.2.1.14)
3	**Öffnungen**	**A** = Tank mit Bodenöffnungen mit 2 Verschlüssen für das Befüllen oder Entleeren **B** = Tank mit Bodenöffnungen mit 3 Verschlüssen für das Befüllen oder Entleeren **C** = Tank mit obenliegenden Öffnungen, der unterhalb des Flüssigkeitsspiegels nur mit Reinigungsöffnungen versehen ist

Teil	Beschreibung	Tankcodierung		
3	**Öffnungen**	**D**	=	Tank mit obenliegenden Öffnungen ohne Öffnungen unterhalb des Flüssigkeitsspiegels
4	**Sicherheitsventil/ -einrichtung**	**V**	=	Tank mit Über- und Unterdruckbelüftungseinrichtung gemäß Absatz 6.8.2.2.6 ohne Einrichtung zur Verhinderung einer Flammenausbreitung oder nicht explosionsdruckstoßfester Tank
		F	=	Tank mit Über- und Unterdruckbelüftungseinrichtung gemäß Absatz 6.8.2.2.6 mit Einrichtung zur Verhinderung einer Flammenausbreitung oder explosionsdruckstoßfester Tank
		N	=	Tank ohne Über- und Unterdruckbelüftungseinrichtung gemäß Absatz 6.8.2.2.6 und nicht luftdicht verschlossen
		H	=	luftdicht verschlossener Tank (siehe Begriffsbestimmung in Abschnitt 1.2.1)

(L = **L**iquid, S = **S**olid, V = **V**enting, F = **F**lamearrest, N = **N**on, H = **H**igh)

Beispiele:

1. Die Tankcodierung **LGBF** beschreibt einen Tank wie folgt:

   L → für flüssige oder geschmolzene feste Güter (engl. liquid)

   G → mit einer Wandstärke, die dem Mindestberechnungsdruck entspricht (druckloser Tank)

   B → mit drei hintereinander liegenden Verschlusseinrichtungen (innenliegendes Bodenventil, zweite Verschlusseinrichtung und Schraubkappe, Blindflansch am Auslauf oder Zapfventil am Abgabeschlauch)

   F → mit Über- und Unterdruckbelüftungseinrichtung (Kippventil) mit Flammendurchschlagsicherung oder der Tank ist explosionsdruckstoßfest (d.h. der Tank hält einen Explosionsdruckstoß aus)

Produktbeispiele: UN 1203 Ottokraftstoff, UN 1219 Isopropylalkohol

2. Die Tankcodierung **L4BN** beschreibt einen Tank wie folgt:

   L → für flüssige oder geschmolzene feste Güter

   4 → mit einer Wandstärke, die für einen Druck von 4 bar berechnet ist

B → mit drei hintereinander liegenden Verschlusseinrichtungen (innenliegendes Bodenventil, zweite Verschlusseinrichtung und Schraubkappe, Blindflansch am Auslauf oder Zapfventil am Abgabeschlauch)

N → ohne Über- und Unterdruckbelüftungseinrichtung, nicht luftdicht verschlossen

Produktbeispiele: UN 2031 Salpetersäure (VG II), UN 1718 Butylphosphat könnten damit befördert werden.

4.9.2 Tankcodierung für Gase der Gefahrklasse 2

Für Gastanks sowie Batterie-Fahrzeuge und MEGC ergibt sich die Bedeutung der Tankcodierung aus der folgenden Tabelle:

Teil	Beschreibung	Tankcodierung		
1	**Tanktyp/Typ des Batterie-Fahrzeugs oder des MEGC**	**C**	=	Tank, Batterie-Fahrzeuge oder MEGC für verdichtete Gase
		P	=	Tank, Batterie-Fahrzeuge oder MEGC für verflüssigte oder gelöste Gase
		R	=	Tank für tiefgekühlt verflüssigte Gase
2	**Berechnungsdruck**	**x**	=	Zahlenwert des zutreffenden Mindestprüfdrucks in bar gemäß Tabelle in Absatz 4.3.3.2.5 oder
		22	=	Mindestberechnungsdruck in bar
3	**Öffnungen**	**B**	=	Tank mit Bodenöffnungen mit 3 Verschlüssen für das Befüllen oder Entleeren oder Batterie-Fahrzeug oder MEGC mit Öffnungen unterhalb des Flüssigkeitsspiegels oder für verdichtete Gase
		C	=	Tank mit obenliegenden Öffnungen mit 3 Verschlüssen für das Befüllen oder Entleeren, der unterhalb des Flüssigkeitsspiegels nur mit Reinigungsöffnungen versehen ist
		D	=	Tank mit obenliegenden Öffnungen mit 3 Verschlüssen für das Befüllen oder Entleeren oder Batterie-Fahrzeug oder MEGC ohne Öffnungen unterhalb des Flüssigkeitsspiegels

Teil	Beschreibung	Tankcodierung		
4	**Sicherheitsventil/ -einrichtung**	**N**	=	Tank, Batterie-Fahrzeug oder MEGC mit Sicherheitsventil gemäß Absätzen 6.8.3.2.9 oder 6.8.3.2.10, der nicht luftdicht verschlossen ist
		H	=	luftdicht verschlossener Tank, Batterie-Fahrzeug oder MEGC (siehe Abschnitt 1.2.1)

Beispiele:

1. Die Tankcodierung **P21BN** beschreibt einen Tank wie folgt:

   P → Tank für verflüssigte oder gelöste Gase

   21 → Wandstärke ist für einen Druck von 21 bar berechnet

   B → Bodenöffnung mit 3 Verschlusseinrichtungen

   N → Tank mit Sicherheitsventil

Produktbeispiel: UN 2453 Ethylfluorid (bei Tank mit Wärmeisolierung)

2. Die Tankcodierung **R12BN** beschreibt einen Tank wie folgt:

   R → Tank für tiefgekühlt verflüssigte Gase

   12 → Wandstärke ist für einen Druck von 12 bar berechnet

   B → Bodenöffnung mit 3 Verschlusseinrichtungen

   N → Tank mit Sicherheitsventil

Produktbeispiel: UN 1913 Neon, tiefgekühlt, flüssig

4.9.3 Angabe der Tankcodierung

Die Tankcodierung wird für Tankfahrzeuge generell in der ADR-Zulassungsbescheinigung eingetragen und dient dem Befüller/Betreiber als Information zur Produktverträglichkeit.

Sie muss auch auf dem Tankschild des Tanks bzw. Tankcontainers, ortsbeweglichen Tanks, Aufsetztanks, Batterie-Fahrzeugs oder MEGC angegeben sein. Bei Aufsetztanks und Tankcontainern muss sie auch auf der Tanktafel oder auf dem Tank selbst angegeben sein.

Achtung!

Hat ein Stoff in der Gefahrgutliste die gleiche Tankcodierung, wie sie in der ADR-Zulassungsbescheinigung steht, kann die Stoffverträglichkeit angenommen werden. Wenn aber in der Bescheinigung ein Vorbehalt steht, muss die Stoffverträglichkeit mit dem Tankhersteller geklärt werden.

Im Zweifelsfall wenden Sie sich an Ihren Gefahrgutbeauftragten.

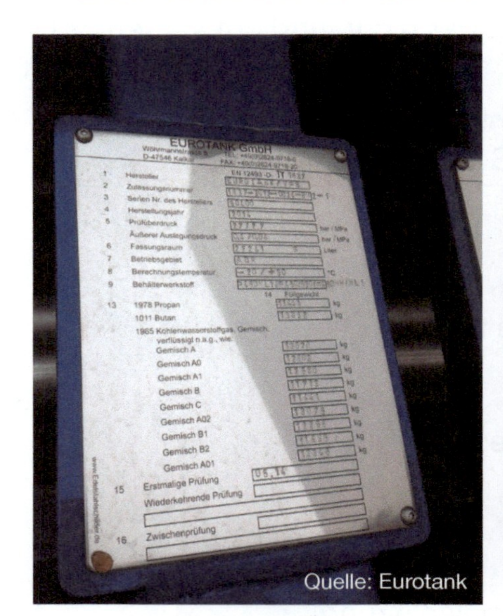

Das Tankschild beschreibt die Stoffeignung und maximale Füllungsgrade der Stoffe für diesen Tank. Dieses Schild befindet sich am Tank.

Als Hinweis zum tatsächlich geladenen Produkt und dessen maximalem Füllungsgrad kann eine Tanktafel/Hinweistafel verwendet werden, hier z.B. mit wechselweise einzusetzenden Tafeln.
Hinweis: Nicht alle Überprüfungsorgane akzeptieren diese Variante. Dann müssen die nicht gültigen Stoffe auf dem Tankschild abgedeckt werden.

4.9.4 Verwendung höherwertiger Tanks, Tankhierarchie

Aus der Tankcodierung ergibt sich die Mindestanforderung an den Tank, es darf jedoch auch ein höherwertiger Tank verwendet werden.

Beispiel:

Güter, für die ein LGBV-Tank verlangt wird, dürfen auch in einem L10BH-Tank befördert werden, wenn auch die evtl. vorgeschriebenen Sondervorschriften TE und TC erfüllt sind.

Ob ein Tank höherwertig ist, ergibt sich aus der sogenannten **Tankhierarchie**. Die Tankhierarchie ist in zwei umfangreichen Tabellen im ADR festgelegt. Für Gase steht sie in 4.3.3.1.2 und für flüssige und feste (pulverförmige) Stoffe in 4.3.4.1.2 ADR. Die Tankhierarchie nennt man auch **„rationalisierten Ansatz“**, sie ist in der folgenden Tabelle für die Gefahrklassen 3 bis 9 zusammengefasst.

Gefahrgut-zustand	Tankcodierung in ADR-Zulassungsbescheinigung, in aufsteigender Rangordnung	Verwendbare andere Tankcodierungen
FEST*)	SGAV	SGAN, SGAH, S4AH, S10AN, S10AH
	SGAN	SGAH, S4AH, S10AN, S10AH
	SGAH	S4AH, S10AH
	S4AH	S10AH
	S10AN	S10AH
	S10AH	–
FLÜSSIG	LGAV	LGBV, LGBF, L1,5BN, L4BN, L4BH, L4DH, L10BH, L10CH, L10DH, L15CH, L21DH
	LGBV	LGBF, L1,5BN, L4BV, L4BN, L4BH, L4DH, L10BH, L10CH, L10DH, L15CH, L21DH
	LGBF	L1,5BN, L4BN, L4BH, L4DH, L10BH, L10CH, L10DH, L15CH, L21DH
	L1,5BN	L4BN, L4BH, L4DH, L10BH, L10CH, L10DH, L15CH, L21DH
	L4BV	–
	L4BN	L4BH, L4DH, L10BH, L10CH, L10DH, L15CH, L21DH
	L4BH	L4DH, L10BH, L10CH, L10DH, L15CH, L21DH
	L4DH	L10DH, L21DH
	L10BH	L10CH, L10DH, L15CH, L21DH
	L10CH	L10DH, L15CH, L21DH
	L10DH	L21DH
	L15CH	L21DH
	L21DH	–

*) *Für feste Stoffe dürfen auch Tanks mit Codierung „L …“ verwendet werden, da diese höherwertig sind.*

4.9.5 Sondervorschriften

Bei der Beförderung bestimmter Güter in Tanks müssen **Sondervorschriften** eingehalten werden. Diese betreffen zum Teil den Bau und die Ausrüstung von Tanks, aber zum Teil auch den Betrieb von Tanks und ihren Ausrüstungen. Insbesondere die Betriebsvorschriften können auch den Fahrzeugführer mit in die Verantwortung nehmen.

So ist beispielsweise bei der Beförderung von Kohlenstaub (UN 1361, VG II) gemäß Sondervorschrift TU 11 (4.3.5 ADR) zu beachten, dass die Ladetemperatur nicht über 60 °C liegen darf (unter besonderen Voraussetzungen auch 80 °C). Der Tank muss während der Beförderung unter Überdruck stehen. Vor dem Entladen ist zu prüfen, ob der Tank immer noch unter Überdruck steht. Ist dies nicht der Fall, so ist vor dem Entleeren in den Tank ein Inertgas einzuleiten.

Andere Sondervorschriften (z.B. TP 4 in 4.2.5.3 ADR) betreffen beispielsweise den zulässigen Füllungsgrad.

4.10 Anforderungen an Fahrzeuge

4.10.1 Fahrzeugbezeichnungen

Fahrzeuge zur Beförderung gefährlicher Güter in Tanks müssen zusätzlich zu den üblichen Anforderungen auch noch bestimmten Anforderungen des ADR entsprechen. Diese gefahrenspezifischen Anforderungen richten sich nach den Gütern, die mit dem Fahrzeug befördert werden sollen.

Umgekehrt gilt aber auch: ein Fahrzeug, das bestimmte Anforderungen erfüllt, darf für die Beförderung der entsprechenden Güter eingesetzt werden.

Dazu unterscheidet das ADR die Fahrzeuge zur Beförderung gefährlicher Güter in Tanks in FL-Fahrzeuge, EX/III-Fahrzeuge und AT-Fahrzeuge. MEMU sind auch EX/III-Fahrzeuge.

FL-Fahrzeuge sind mit einer besonders geschützten elektrischen Anlage ausgerüstet. Bauteile des Fahrzeugs, die betriebsmäßig heiß werden, sind so geschützt, dass sie leicht entzündbare Atmosphäre (Gase, Dämpfe) nicht zünden. FL-Fahrzeuge sind deshalb geeignet, **leicht entzündbare flüssige** (z.B. Benzin) und **entzündbare gasförmige Stoffe** (z.B. Propan) in Tanks zu befördern.

Die Abkürzung **FL** kommt von **F**lammable **L**iquid (englisch für entzündbare Flüssigkeit).

EX/III-Fahrzeuge sind Fahrzeuge zur Beförderung von explosiven Stoffen oder Gegenständen mit Explosivstoff (Klasse 1) (z.B. bestimmte Sprengstoffe in Tanks EX/III), auch MEMU.

AT-Fahrzeuge sind alle anderen Fahrzeuge zur Beförderung gefährlicher Güter in Tanks. Darunter fallen Tanks für **nicht brennbare Güter** (z.B. Chlorwasserstoffsäure und Stickstoff) und alle **pulverförmigen** Stoffe. Auch Heizöl, leicht und Dieselkraftstoff können in bestimmten Fällen in AT-Fahrzeugen befördert werden.

AT merkt man sich am besten als Abkürzung für **A**ndere **T**anks.

Die Fahrzeugbezeichnungen **FL**, **EX/III** und **AT** sind im Gefahrgut-Verzeichnis in Spalte 14 angegeben (3.2.1 ADR).

FL- und AT-Fahrzeuge können sein:

- Lastkraftwagen
- Anhänger
- Sattelanhänger
- Zugfahrzeuge (auch Sattelzugmaschinen)

Diese Fahrzeuge können ausgeführt sein als:

- Tankfahrzeuge (Fassungsraum mehr als 1 m³)
- Trägerfahrzeuge von Aufsetztanks mit mehr als 1 m³ Fassungsraum
- Batterie-Fahrzeuge mit mehr als 1 m³ Fassungsraum (nur FL und AT)
- Trägerfahrzeuge von Tankcontainern mit mehr als 3 m³ Fassungsraum
- Trägerfahrzeuge von ortsbeweglichen Tanks mit mehr als 3 m³ Fassungsraum
- Trägerfahrzeuge für MEGC mit mehr als 3 m³ Fassungsraum (nur FL und AT).

Auch in der **ADR-Zulassungsbescheinigung** ist diese Bezeichnung angegeben. So ist es möglich, festzustellen, ob ein Fahrzeug für die Beförderung eines bestimmten Gutes geeignet ist. In der Zulassungsbescheinigung können mehrere Fahrzeugbezeichnungen angegeben sein, wenn das Fahrzeug die jeweiligen Anforderungen erfüllt.

Bemerkung:
Wenn in einem Sattelanhänger ein Stoff befördert wird, für den ein FL-Fahrzeug vorgeschrieben ist, müssen sowohl der Sattelanhänger als auch die Sattelzugmaschine FL-Fahrzeuge sein. Das Gleiche gilt für Zugfahrzeug und Anhänger bei „Anhängerzügen“.

4.10.2 Elektrische Ausrüstung

Besondere Anforderungen an die elektrische Ausrüstung über die elektrischen Leitungen hinaus gelten für **FL- und EX/III-Fahrzeuge**, ab erstmaliger Zulassung 04/2018 auch für **AT-Fahrzeuge**. Eine besondere elektrische Anlage ist vorgeschrieben für:

- Tankfahrzeuge
- Trägerfahrzeuge für MEGC
- Trägerfahrzeuge von Aufsetztanks mit mehr als 1 m^3 Fassungsraum
- Trägerfahrzeuge von Tankcontainern mit mehr als 1 m^3 Fassungsraum
- Batterie-Fahrzeuge für entzündbare Gase mit mehr als 3 m^3 Fassungsraum
- Trägerfahrzeuge von ortsbeweglichen Tanks mit mehr als 3 m^3 Fassungsraum
- Sattelzugmaschinen von Tanksattelanhängern oder Aufliegern mit Aufsetztanks (ab 1000 l), Tankcontainern (ab 3000 l) oder ortsbeweglichen Tanks (ab 3000 l).

Es werden insbesondere Anforderungen gestellt an

- Batterietrennschalter
- elektrische Anlageteile und deren Verbindungen in Gefahrenzonen (Zone 0 und Zone 1)
- Kabel zum EG-Kontrollgerät/zum digitalen Tacho
- Anlageteile, die nach Abschalten mittels des Batterietrennschalters noch unter Spannung stehen (Dauerstromkreise).

4.10.2.1 Batterietrennschalter

Es muss möglich sein, mit dem Batterietrennschalter alle nicht ex-geschützten Stromkreise (außer EG-Kontrollgerät/digitaler Tachograph) zu unterbrechen. Mindestens ein Bedienungsorgan für den Batterietrennschalter muss im Fahrerhaus angebracht sein. Dadurch ist es möglich, im Gefahrfall rasch alle elektrischen Verbraucher stromlos zu schalten (z.B. bei Produktaustritten).

Der Betätigungsschalter für den Batterietrennschalter muss leicht zugänglich sein.

4.10.2.2 Elektrische Anlage hinter der Fahrerhausrückwand

Der Teil der elektrischen Anlage, der hinter der Fahrerhausrückwand angeordnet ist, **muss besonders geschützt** ausgeführt sein. Dazu werden entweder besondere Kabel (z.B. mit Drahtgeflechtmantel) verwendet oder die Kabel werden in flexiblen Schutzrohren verlegt.

4.10.2.3 Gefahrenzonen

Bereiche, in denen mit explosionsfähiger Atmosphäre zu rechnen ist, sind laut ADR in Zonen eingeteilt. Die Anforderungen an die elektrische Anlage richten sich danach, wie wahrscheinlich es ist, dass in der Zone Explosionsgefahr besteht.

Es wird unterschieden in drei Zonen:

Zone 0
Zone 0: gasexplosionsfähig/Zone 20: staubexplosionsfähig
(ständig vorhandene explosionsfähige Atmosphäre)
Dazu gehören der Innenraum der Tankabteile, Befüllungs- und Entleerungsarmaturen und Dampfrückführungsleitungen (Gaspendelleitungen).

Zone 1
Zone 1: gasexplosionsfähig/Zone 21: staubexplosionsfähig
(explosionsfähige Atmosphären können auftreten, z.B. bei Be- und Entladung)
Dazu gehören der Innenraum von Schutzkästen für die zur Befüllung und Entleerung verwendete Ausrüstung (Armaturenschrank) sowie die Zone in einem Umkreis von weniger als 0,5 m um die Belüftungseinrichtungen (Kippventile) und Druckentlastungsventile (Sicherheitsventile).

Zone 2
Zone 2: gasexplosionsfähig/Zone 22: staubexplosionsfähig
Bereich, in dem bei Normalbetrieb eine explosionsfähige Atmosphäre normalerweise nicht oder aber nur kurzzeitig auftritt.

4.10.2.4 Kabel zum EG-Kontrollgerät

Um die nach der Verordnung (EG) Nr. 561/2006 geforderten Aufschriebe über Lenk- und Ruhezeiten lückenlos aufzuzeichnen, ist es erforderlich, dass das EG-Kontrollgerät bzw. der digitale Tachograph auch weiterläuft, wenn mit dem Batterietrennschalter die Stromversorgung aller anderen Verbraucher unterbrochen wird. Damit jedoch keine Gefahr (Funken) aus dem Betrieb entsteht, muss der Stromkreis **eigensicher** ausgeführt sein, d.h., es fließt nur ein sehr schwacher Strom. Eventuell entstehende Funken hätten zu wenig Energie, um ein zündfähiges Gemisch zu zünden.

Besondere elektrische Anlage

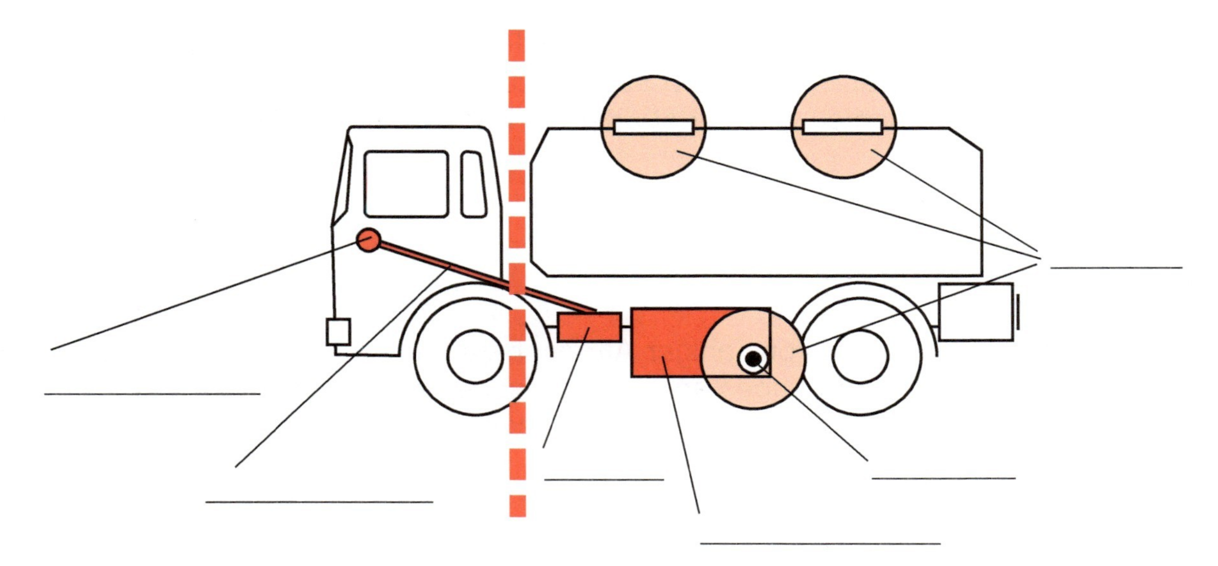

Stromkreise, die nach Betätigung des Batterietrennschalters noch unter Spannung stehen, müssen besonders geschützt sein.

4.10.2.5 Elektrische Betriebsmittel

Grundsätzlich müssen die verwendeten Betriebsmittel für ihre Aufgabe geeignet sein. Bestimmte elektrische Betriebsmittel müssen zusätzlich für den Einsatz in Gefahrenzonen zugelassen sein (Ex-Zulassung). Bei der Verwendung von Handlampen ist daher zu unterscheiden, ob diese auch für den Einsatz während der Be- und Entladungsarbeiten und damit innerhalb von Gefahrenzonen und explosiven Bereichen eingesetzt werden sollen oder lediglich als Arbeitslampen (z.B. für Kontrollgänge während der Dunkelheit oder zum Ausleuchten von Fahrzeugbereichen, die keine Ex-Zonen sind) verwendet werden.

4.10.3 Nichtelektrische Ausrüstung (Verhütung von Feuergefahren)

Um Zündquellen von der Ladung fernzuhalten, stellt das ADR besondere Anforderungen an die Motoren und an Fahrzeugteile, die betriebsmäßig heiß werden (z.B. Auspuffanlage, Verbrennungsheizgeräte, Dauerbremsanlage).

Motoren und Auspuffanlagen dieser Fahrzeuge müssen so beschaffen und angeordnet bzw. geschützt sein, dass für die Ladung keine Gefahr infolge Erhitzung entstehen kann.

Dazu sind Motoren und Auspuffanlagen besonders geschützt (z.B. durch Schutzbleche). Wesentliche Teile der Auspuffanlage können auch vor der Vorderachse des Fahrzeugs montiert sein.

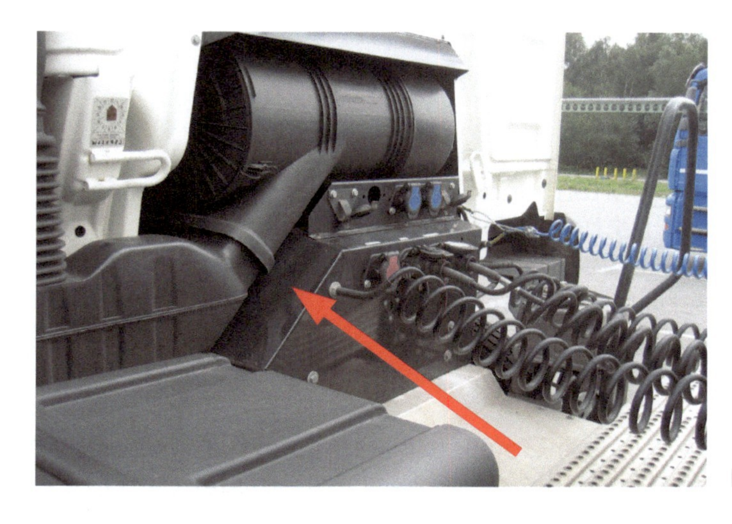

Der Motor ist durch ein Abdeckblech geschützt.

4.10.4 Verbrennungsheizgeräte

Verbrennungsheizgeräte werden verwendet

- als **Zusatzheizung** für das Fahrerhaus,
- zur **Motorvorwärmung**,
- als **Laderaumheizung** bei kälteempfindlichem Transportgut.

Von Heizgeräten, die in Bereichen betrieben werden, in denen entzündbare Atmosphäre vorhanden sein kann, geht eine besondere Gefahr aus. Deshalb gelten für diese Heizgeräte besondere Brandschutzbestimmungen, wenn sie auf Fahrzeugen betrieben werden, die zum Transport gefährlicher Güter zugelassen sind:

- Verbrennungsheizgeräte in Fahrzeugen mit leicht entzündbaren flüssigen Stoffen (FL-Fahrzeugen) dürfen **nicht** betrieben werden
  - während des Beladens und Entladens sowie
  - an Ladestellen.
- Bei Inbetriebnahme der Förderpumpe des Tanks muss das Heizgerät automatisch abgeschaltet werden.
- Die **Nachlaufphase**, in der nach dem Ausschalten des Heizgerätes noch Verbrennungsluft angesaugt wird, darf höchstens **40 Sekunden** betragen. Diese Zeit wird in der Regel mindestens benötigt, bis nach Abstellen des Fahrzeugs der Be- oder Entladevorgang beginnt, bei dem entzündbare Atmosphäre auftreten kann.

Heizgeräte, die diesen Anforderungen nicht entsprechen, dürfen auf Fahrzeugen zum Transport leicht entzündbarer flüssiger Stoffe nicht installiert sein, da sonst die Gefahr besteht, dass entzündbare Atmosphäre als Verbrennungs- oder Heizluft angesaugt wird und im Heizgerät unkontrolliert gezündet wird.

4.10.5 Bremsanlage

Besondere Bremssysteme

Zur Erhöhung der Sicherheit von Tanktransporten sind besondere Bremssysteme für bestimmte Tankfahrzeuge vorgeschrieben. Es handelt sich dabei um leistungsfähige **Dauerbremsanlagen, automatische Blockierverhinderer** (ABV), elektronische Bremssysteme (EBS), Notbremssysteme und Stabilitätssysteme.

Dauerbremsanlagen

Die Dauerbremsen ermöglichen ein Befahren langer Gefällstrecken, auch mit vollbeladenem Lastzug, weitgehend ohne Benutzung der Betriebsbremse. Deshalb steht am Ende der Gefällstrecke noch immer eine ausreichende Bremsleistung (Betriebsbremse) zur Verfügung, mit der die Beförderungseinheit zum Stillstand gebracht werden kann.

ABV (Automatischer Blockierverhinderer), ABS (Anti-Blockier-System)

Kraftfahrzeuge (> 16 t zGM)*) und Anhänger (> 10 t zGM) müssen mit einem ABV ausgerüstet sein. Seit erstmaliger Zulassung 04/2018 gilt das auch für Kfz und Anhänger > 3,5 t. Das System verhindert ein Blockieren der Räder bei starken Bremsvorgängen. Das Fahrzeug bleibt dadurch über das Lenkrad steuerbar.

EBS (Elektronische Bremssysteme)

Um die Leistungsfähigkeit der Bremssysteme bei Tankfahrzeugen weiter zu steigern, sind seit einigen Jahren elektronische Bremssysteme im Einsatz (kürzere Ansprechzeit der Bremsen). Des Weiteren ist das Zusammenwirken mit anderen Elementen der Bremsanlage, z.B. Stabilitätssystemen, mittels EBS einfacher aufeinander abzustimmen. Hierbei handelt es sich nicht um eine Anforderung des ADR.

---

*\) *zGM = zulässige Gesamtmasse*

4.10.6 Assistenzsysteme

Einen weiteren Schritt zur erhöhten Sicherheit im Gefahrguttransport bieten sog. Fahrerassistenzsysteme (FAS). Unterschiedliche Systeme „überwachen“ das Verhalten des Fahrzeugs (z.B. Spurtreue, Abstand) während der Fahrt z.B. in Abhängigkeit von der Geschwindigkeit.

Für alle neuen Nutzfahrzeuge ist die Ausrüstung ab 1.11.2015 verpflichtend (nicht ADR-spezifisch).

Stabilitätssysteme

Elektronische Stabilitätssysteme (z.B. ESP) greifen in kritischen Fahrzuständen (z.B. Kippgefahr) in das Motorenmanagement und in das elektronische Bremssystem des Fahrzeugs ein. Die Räder werden gezielt gebremst, um das Fahrzeug wieder zu stabilisieren und die Kippgefahr zu verringern.

Nutzfahrzeuge, die ab 1.11.2014 zugelassen werden, müssen mit ESP ausgestattet sein.

Hinweis: Diese Systeme können nur innerhalb der physikalischen Grenzen arbeiten und funktionieren. D.h., bei einer viel zu hohen Geschwindigkeit können auch diese Systeme das Fahrzeug nicht mehr stabilisieren, und es kann verunfallen.

Weitere Detailinformationen erhalten Sie über Nutzfahrzeuge-/Bremsenhersteller und deren Komponentenlieferanten.

4.10.7 Geschwindigkeitsbegrenzer

Kraftfahrzeuge mit einer zGM > 3,5 t müssen mit einem Geschwindigkeitsbegrenzer ausgerüstet sein, der die max. Geschwindigkeit (zzgl. Toleranz) auf 90 km/h begrenzt.

Gefahrgutfahrer sollten sich jedoch, wie alle verantwortungsbewussten Kraftfahrer, an die zulässigen Höchstgeschwindigkeiten gem. StVO halten.

4.10.8 Alternative Motorantriebe

Es können alternative Motorantriebe wie z.B. CNG/LNG oder LPG für Gefahrgutfahrzeuge verwendet werden. Die Motoren müssen den einschlägigen UN-Regelwerken entsprechen und dürfen keine zusätzlichen Risiken (z.B. aufgrund von tiefkalten Gasen) hervorrufen. EX/II- und EX/III-Fahrzeuge dürfen nicht mit Gas betrieben werden.

4.11 Tankakte

Die sogenannte Tankakte ist die Gesamtheit aller Dokumente, die technische Informationen über den Tank, das Batterie-Fahrzeug oder den MEGC enthalten, und muss vom Eigentümer oder Betreiber des Tankcontainers oder MEGC während der gesamten Lebensdauer des Tanks aufbewahrt werden.

Bei festverbundenen Tanks, Aufsetztanks und Batterie-Fahrzeugen muss der Beförderer dafür sorgen, dass die Tankakte geführt und aufbewahrt wird und vorgelegt werden kann.

4.12 Prüffristen bei Tanks

In Abhängigkeit von der Art des Tanks und den damit zu befördernden gefährlichen Gütern sind unterschiedliche Prüffristen einzuhalten (wiederkehrende Prüfung, Zwischenprüfung, ggf. Prüfung der Auskleidung). Eine außerordentliche Prüfung ist nötig, wenn der Tank Anzeichen von Beschädigung, Korrosion, Undichtheit oder andere sicherheitsrelevante Mängel aufweist.

Fürs Gedächtnis

! In Tanks können gasförmige, flüssige, körnige und pulverförmige Stoffe befördert werden.

! Tanks für flüssige Stoffe sind meist in mehrere **Tankkammern** unterteilt.

! Wenn sie für die Beförderung von in 2.2.2.1.1 ADR definierten **Gasen** verwendet werden, gilt für Tankcontainer, ortsbewegliche Tanks, sowie für Elemente von Batterie-Fahrzeugen und MEGC ein Fassungsraum von mehr als 450 l. Für andere Güter ist für diese Umschließungen keine Mindestgröße vorgesehen.

! **Aufsetztanks** haben ein Fassungsvermögen von mehr als 450 l.

! **Festverbundene Tanks** haben ein Fassungsvermögen von mehr als 1 m^3.

! Alle **Armaturen** müssen während der Beförderung **geschlossen** sein.
Nicht an Sicherheitsventilen manipulieren!

! Für viele Tankfahrzeuge gelten **besondere Anforderungen** an die Elektrik, die Brandsicherheit und die Bremsen.

! **Gastanks** sind Drucktanks und deshalb rund (zylindrisch).

! **Batterie-Fahrzeuge und MEGC** werden zum Transport hoch verdichteter Gase eingesetzt.

! **Flüssiggase** sind Propan, Butan und deren Gemische. Sie werden in der Regel in nicht isolierten Drucktanks befördert.

! Für die **Füllstandskontrolle** haben Flüssiggastanks meist ein Drehpeilrohr.
Eine Überfüllung von Flüssiggastanks wird über das Kontrollpeilventil geprüft.

! **Mineralölprodukte** wie Dieselkraftstoff oder Heizöl, leicht werden meist in **drucklosen Tanks** befördert.

! **Drucklose Tanks** können einen kofferförmigen, ovalen oder auch runden Querschnitt haben.

! **Chemietanks** sind in der Regel Drucktanks mit rundem Querschnitt.

! Bestimmte **sehr gefährliche Güter** (z.B. sehr giftige Stoffe) dürfen nur in Tanks befördert werden, die **keine Bodenventile** haben.

! **FL-Fahrzeuge** sind mit einer besonderen elektrischen Anlage ausgerüstet.

! **AT-Fahrzeuge** werden für die Beförderung von Gütern eingesetzt, die nicht oder nicht leicht entzündbar sind.

4.13 Kontrollfragen

1. Welche Tankform eignet sich für Drucktanks?

- ❏ A kofferförmiger Tank
- ❏ B zylindrischer Tank
- ❏ C elliptischer Tank
- ❏ D würfelförmiger Tank (4.2.2)

2. Welche Funktion hat der Gasmessverhüter?

- ❏ A Er dient zum Anschluss der Gaspendelleitung.
- ❏ B Er verhindert, dass Luftblasen in den Zähler gelangen.
- ❏ C Er wirkt der Schaumbildung entgegen.
- ❏ D Er verhindert das Ansaugen von Luft, wenn die Pumpe im Saugbetrieb gefahren wird. (4.3.2)

3. Welche Fahrzeuge sind grundsätzlich mit einer besonderen elektrischen Anlage ausgerüstet?

- ❏ A AT-Fahrzeuge
- ❏ B Alle Tankfahrzeuge
- ❏ C Kippsilos
- ❏ D FL-Fahrzeuge (4.10.1)

4. Wozu werden sogenannte Berstscheiben eingesetzt?

- ❏ A als Schauglas (zur Sichtung des Tankinhalts)
- ❏ B als Sollbruchstellen bei Druckprüfungen
- ❏ C als Druckentlastungseinrichtung an Tanks
- ❏ D als Absperrschieber für undurchsichtige flüssige Gefahrgüter (4.3.1)

5. Weshalb müssen beim Hantieren am Drehpeilrohr eines Gastanks Schutzhandschuhe getragen werden?

- ❏ A Um Erfrierungen beim Öffnen des Drehpeilrohrs zu vermeiden
- ❏ B Weil der Tank sehr kalt ist
- ❏ C Weil Drehpeilrohre meistens stark verschmutzt sind
- ❏ D Um Quetschungen zu vermeiden (4.4.1.1)

6. **Weshalb dürfen nur die Güter in einen Tank gefüllt werden, die in der ADR-Zulassungsbescheinigung aufgeführt sind?**

❑ A Für andere Güter übernimmt der Hersteller keine Garantie.

❑ B Die Eignung des Tanks ist für diese Güter geprüft worden.

❑ C Aus Gründen des fairen Wettbewerbs

❑ D Das schreibt das Gefahrgutbeförderungsgesetz vor. (3.2.2)

7. **Was ist bei der Verwendung von Tanks mit einer Isolierschicht zu beachten?**

❑ A Nichts, da isolierte Tanks besonders geschützt sind.

❑ B Der Befüller muss darauf achten, dass kein Füllgut zwischen Isolierschicht und Tank gelangt.

❑ C Isoliertanks sind nur für Güter der Gefahrklasse 4 einzusetzen.

❑ D Isolierte Tanks dürfen nur drucklos entleert werden (Gefahr der Beschädigung). (4.6)

8. **Welche Besonderheit gilt für Tanks, die innen gummiert sind?**

❑ A Sie sind gegen fast alle Stoffe widerstandsfähig.

❑ B Sie dürfen nicht unter Druck stehen.

❑ C Die Gummierung ist empfindlich; sie muss regelmäßig kontrolliert werden.

❑ D Diese Tanks sind sehr dehnbar. (4.6)

9. **Welche Elemente gehören immer zu den Abgabearmaturen eines Mineralöltankfahrzeugs für Heizöl?**

❑ A Bodenventil, geeichtes Zählwerk, Gasmessverhüter

❑ B Grenzwertgeber, Füllstandsanzeige (Peilrohr)

❑ C Domdeckel, Bodenventil, Sauganschluss

❑ D Additivierungsanlage, Anhängersaugleitung (4.3.2)

10. **Welche Elemente gehören zu den Domarmaturen eines Mineralöltankfahrzeugs mit drucklosem Tank?**

❑ A Sicherheitsventil, Peilstab, Gasmessverhüter

❑ B Peilstab, Kippventil, Domdeckel

❑ C Bodenventil, Domdeckel, Abfüllsicherung

❑ D Leiter, Trittfläche, Geländer (4.3.1)

11. **Aus welchem Werkstoff sind Mineralöltanks meistens gefertigt?**

❏ A Aus Edelstahl

❏ B Aus Stahl

❏ C Aus Aluminiumlegierungen

❏ D Aus Kunststoff (4.5, 4.8.2)

12. **Welche Funktion hat der Batterietrennschalter?**

❏ A Er wird benötigt, wenn die Batterie ausgetauscht werden muss.

❏ B Er unterbricht bei Betätigung alle Stromkreise außer denen für die Warnblinkanlage.

❏ C Er dient dazu, die elektrische Verbindung zwischen Zugfahrzeug und Anhänger abzuschalten.

❏ D Er ermöglicht die Unterbrechung aller Stromkreise, die nicht explosionsgeschützt sind. (4.10.2)

13. **Welche Funktion hat das sogenannte Kippventil unter anderem?**

❏ A Es ermöglicht die Be- und Entlüftung des Tanks, z.B. bei der Produktabgabe oder wenn sich das Transportgut infolge Temperaturerhöhung ausdehnt.

❏ B Es verbessert die Fahreigenschaften des Tankfahrzeugs in Kurven.

❏ C Es verhindert, dass Fahrzeuge mit kippbarem Siloaufbau infolge zu starken Anhebens des Silos nach hinten umkippen.

❏ D Es ermöglicht das Entleeren des Tankanhängers über die Armaturen des Zugfahrzeugs. (4.3.1)

14. **Wozu werden Saug-Druck-Tanks hauptsächlich eingesetzt?**

❏ A Zur Beförderung von Benzin und Dieselkraftstoff

❏ B Zur Beförderung von Schlämmen

❏ C Für alle flüssigen Produkte

❏ D Für Spezialgase (4.7)

15. Welche Aussage trifft auf Aufsetztanks zu?

- ❑ A Sie dürfen wie Tankcontainer verwendet werden.
- ❑ B Das Absetzen darf nur im leeren Zustand erfolgen.
- ❑ C Dafür gibt es keine Besonderheiten.
- ❑ D Aufsetztanks sind eine spezielle Art der Tankcontainer. (4.2.1)

16. Was ist ein MEGC?

- ❑ A Ein Container zur Beförderung von Munition, Explosivstoff und Granaten
- ❑ B Ein Großcontainer für Mehrzweck-Einsatz
- ❑ C Ein mehrfach verwendbarer Tankcontainer
- ❑ D Eine aus mehreren Elementen zusammengesetzte Einheit für Gastransporte (4.2.1)

17. Was bedeutet die Zahl 4 in der Tankcodierung L4BN?

- ❑ A Der Tank hat 4 Tankkammern.
- ❑ B Der Tank hat 4 Absperreinrichtungen.
- ❑ C Die Gesamthöhe des Tankfahrzeugs beträgt 4 m.
- ❑ D Der Mindestberechnungsdruck beträgt 4 bar. (4.9.1)

18. Was ist eine Gefahrenzone?

- ❑ A Bereich zwischen Fahrerhaus und Tank
- ❑ B Das Fahrerhaus von Fahrzeugen ohne vordere Motoranordnung
- ❑ C Lagerhalle in einem Hochwassergebiet
- ❑ D Bereiche, in denen mit explosionsfähiger Atmosphäre zu rechnen ist (4.10.2.3)

5 Kennzeichnung, Bezettelung und orangefarbene Tafeln

5.1 Bedeutung der Kennzeichnungsnummern auf den orangefarbenen Tafeln

Im **oberen Teil** der orangefarbenen Tafel befindet sich die **Nummer zur Kennzeichnung der Gefahr**, die auf die Art der Gefahr hinweist.

Im **unteren Teil** der orangefarbenen Tafel befindet sich die **UN-Nummer**, anhand welcher der Stoff selbst erkannt werden kann. Die UN-Nummer wird für bestimmte Stoffe verbindlich vorgeschrieben.

Die Kennzeichnungsnummern sind in der **Tabelle A des Teils 3 des ADR** (Verzeichnis der gefährlichen Güter) nachzuschlagen.

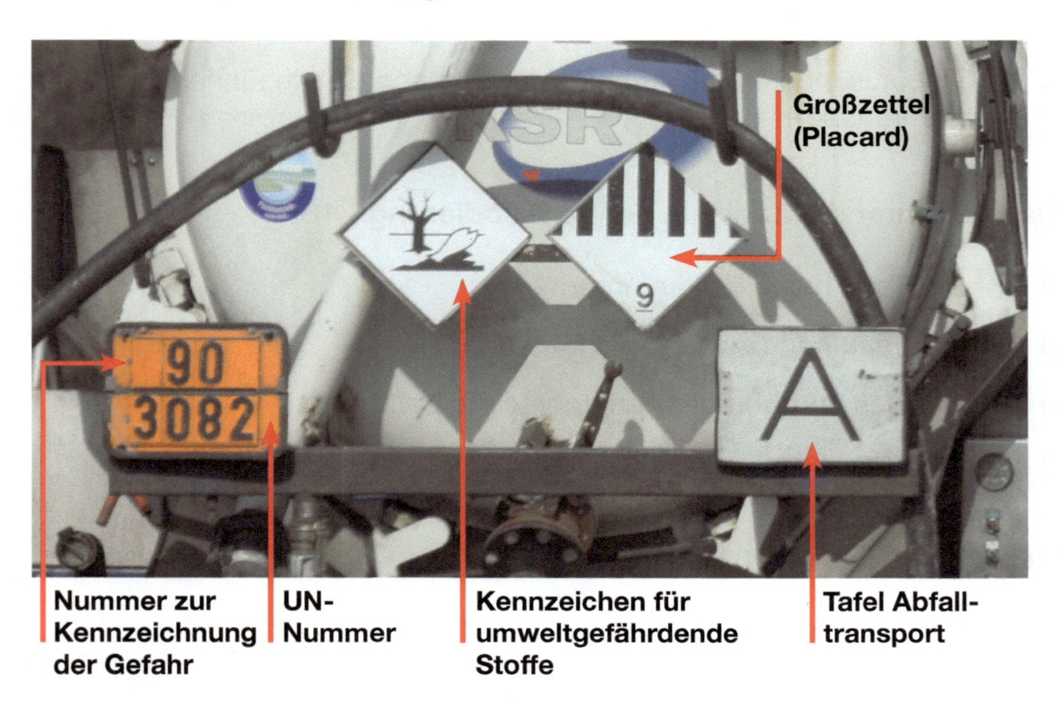

Das Kennzeichnungssystem besteht aus den dargestellten Komponenten, die dauerhaft und witterungsbeständig sein müssen:

- **Großzettel (Placard) mit Symbol (oben) und Ziffer (unten)**
- **ggf. zusätzlich Kennzeichen für umweltgefährdende Stoffe**
- **orangefarbene Tafel mit**
  - **Nummer zur Kennzeichnung der Gefahr (oben) und**
  - **UN-Nummer (unten)**
- **ggf. Kennzeichen für erwärmte Stoffe,** z.B. bei UN 3256 oder 3257
- ggf. „A“ (Abfallrecht)

Bedeutung der Nummern zur Kennzeichnung der Gefahr

Die Nummer zur Kennzeichnung der Gefahr besteht in der Regel aus 2 oder 3 Ziffern, die im allgemeinen auf folgende Gefahren hinweisen:

2	Entweichen von Gas durch Druck oder chemische Reaktion
3	Entzündbarkeit von flüssigen Stoffen (Dämpfen) und Gasen oder selbsterhitzungsfähiger flüssiger Stoff
4	Entzündbarkeit von festen Stoffen oder selbsterhitzungsfähiger fester Stoff
5	Oxidierende (brandfördernde) Wirkung
6	Giftigkeit oder Ansteckungsgefahr
7	Radioaktivität
8	Ätzwirkung
9	Gefahr einer spontanen heftigen Reaktion

Besonderheiten:

Verdopplung einer Ziffer	→	Zunahme der entsprechenden Gefahr
Null angefügt	→	Gefahr wird durch eine Ziffer ausreichend angegeben
X vorangestellt	→	Stoff reagiert in gefährlicher Weise mit Wasser!*)

22	tiefgekühlt verflüssigtes Gas, erstickend
238	entzündbares Gas, ätzend
28	ätzendes Gas
X323	entzündbarer flüssiger Stoff, der mit Wasser gefährlich reagiert und entzündbare Gase bildet
X333	pyrophorer flüssiger Stoff, der mit Wasser gefährlich reagiert
X423	fester Stoff, der mit Wasser gefährlich reagiert und entzündbare Gase bildet, oder entzündbarer fester Stoff, der mit Wasser gefährlich reagiert und entzündbare Gase bildet oder selbsterhitzungsfähiger fester Stoff, der mit Wasser gefährlich reagiert und entzündbare Gase bildet
44	entzündbarer fester Stoff, der sich bei erhöhter Temperatur in geschmolzenem Zustand befindet
539	entzündbares organisches Peroxid
90	umweltgefährdender Stoff, verschiedene gefährliche Stoffe
99	verschiedene gefährliche erwärmte Stoffe

*) *Hier entscheidet der Einsatzleiter über die Verwendung von Wasser als Löschmittel.*

Bedeutung der Kennzeichnungsnummern

Ergänzen Sie die freien Felder in der Tabelle:

Nr. zur Kennzeichnung der Gefahr	Bedeutung
22	
23	
30	
	leicht **entzündbarer flüssiger** Stoff
40	
	oxidierender (brandfördernder) Stoff
60	
	ätzender oder **schwach ätzender** Stoff
88	
	gefährlicher erwärmter Stoff
	umweltgefährdender Stoff; verschiedene gefährliche Stoffe

Merke

✔ Die Nummer zur Kennzeichnung der Gefahr 23 hat eine völlig andere Bedeutung als das Gefahrzettelmuster 2.3!
23 = Gas, entzündbar
2.3 = giftige Gase
(Die Nummer zur Kennzeichnung der Gefahr für giftige Gase ist 26.)

5.2 Kennzeichnung von Tanks

5.2.1 Tanks (allgemein)

Werden gefährliche Güter in **Tanks** befördert und ist für das Gut im „Gefahrgut-Verzeichnis“ des ADR eine **Nummer zur Kennzeichnung der Gefahr** aufgeführt, so ist die Beförderungseinheit mit den Kennzeichnungsnummern (Nummer zur Kennzeichnung der Gefahr- und UN-Nummer) auf orangefarbenen Tafeln zu kennzeichnen.

UN-Nummer (1)	Benennung und Beschreibung (2)	Klasse (3a)	Verpackungs-gruppe (4)	Gefahrzettel (5)	Nummer zur Kennzeichnung der Gefahr (20)	UN-Nummer (1)
1219	ISOPROPANOL (ISOPROPYLALKOHOL)	3	II	3	33	1219
1299	TERPENTIN	3	III	3	30	1299
1717	ACETYLCHLORID	3	II	3+8	X338	1717
1906	ABFALLSCHWEFELSÄURE	8	II	8	80	1906
2789	ESSIGSÄURE, LÖSUNG	8	II	8+3	83	2789

Auszug aus Teil 3 ADR, dem sog. „Gefahrgut-Verzeichnis“

Wenn während der Beförderung gefährlicher Güter ein **Anhänger mit gefährlichen Gütern** von seinem Zugfahrzeug getrennt wird, muss an der Heckseite des Anhängers die orangefarbene Tafel angebracht bleiben. Bei Kennzeichnung gem. 5.3.2.1.3 ADR muss diese Tafel **dem gefährlichsten** im Tank beförderten **Stoff** entsprechen.

Außer den orangefarbenen Tafeln sind außen an den Fahrzeugen Großzettel (Placards) nach 5.3 ADR und gegebenenfalls weitere Kennzeichen (für erwärmte Stoffe oder für umweltgefährdende Stoffe) anzubringen.

5.2.2 Mehrkammertankfahrzeuge

An Mehrkammertankfahrzeugen, die unterschiedliche Güter in den einzelnen Tankkammern enthalten, muss jede Tankkammer an beiden Seiten mit orangefarbenen Tafeln mit den jeweils erforderlichen Kennzeichnungsnummern sowie mit Großzetteln (Placards) und gegebenenfalls dem Kennzeichen für umweltgefährdende Stoffe gekennzeichnet werden.

Alle seitlich angebrachten Großzettel (Placards) sind am Tankheck zu wiederholen. Außerdem sind vorn und hinten an der **Beförderungseinheit** neutrale orangefarbene Tafeln anzubringen (*siehe obere Abb. Seite 76*).

An Beförderungseinheiten, die nur ein Gut befördern, sind die seitlich vorgeschriebenen orangefarbenen Tafeln mit Kennzeichnungsnummern nicht erforderlich, wenn die vorne und hinten angebrachten Tafeln mit der vorgeschriebenen Nummer zur Kennzeichnung der Gefahr und der UN-Nummer versehen sind.

5.2.3 Mehrproduktentankfahrzeuge mit bestimmten entzündbaren Flüssigkeiten

Bei Mehrproduktentankfahrzeugen, die zwei oder mehr Stoffe der UN-Nummern 1202, 1203 oder 1223 oder Flugbenzin (UN 1268 oder 1863), jedoch keine sonstigen gefährlichen Güter befördern, kann auf die seitliche Anbringung der orangefarbenen Tafeln verzichtet werden, wenn die vorne und hinten angebrachten orangefarbenen Tafeln mit Kennzeichnungsnummern des Stoffes versehen sind, der den niedrigsten Flammpunkt hat (Beispiel: Ein Tankfahrzeug, beladen mit DIESELKRAFTSTOFF und BENZIN, darf mit „33/1203“ gekennzeichnet werden.) (*siehe zweite Abb. Seite 76*). In diesem Fall müssen die in jedem Abteil enthaltenen Stoffe im Beförderungspapier vermerkt sein (Beladeplan).

Additivierungsanlagen in Tankfahrzeugen, z.B. für Heizöl, leicht:

Eine zusätzliche Kennzeichnung der Umschließungen für die Additivierungsanlage mit Großzetteln ist nicht erforderlich. Wenn die Additive allerdings in Verpackungen befördert werden, so sind diese gemäß ADR zu bezetteln und zu kennzeichnen, denn sie werden nicht als Teil der Additivierungseinrichtung angesehen.

5.2.4 Kennzeichnung von Tankcontainern/Tankwechselbehältern, ortsbeweglichen Tanks und MEGC

Beförderungseinheiten mit Tankcontainern/Tankwechselbehältern oder ortsbeweglichen Tanks oder MEGC tragen vorne und hinten neutrale orangefarbene Tafeln. Zusätzlich werden am Tankcontainer/Tankwechselbehälter, am ortsbeweglichen Tank bzw. am MEGC rechts und links orangefarbene Tafeln mit Kennzeichnungsnummern und an allen 4 Seiten Großzettel (Placards) entsprechend ihrem Inhalt angebracht. (Bei Tanks ≤ 3 m^3 dürfen anstelle der Großzettel Gefahrzettel angebracht werden.) Werden in einem Tankcontainer/ Tankwechselbehälter mit mehreren getrennten Abteilen unterschiedliche Stoffe der gleichen Gefahrklasse befördert, ist ein Placard auf jeder Seite ausreichend.

Sind die **Großzettel (Placards) verdeckt** (z.B. durch eine Plane), dann sind am Straßenfahrzeug die vorgeschriebenen Großzettel (Placards) sowie das Kennzeichen für umweltgefährdende Stoffe auch **außen** an den Seitenwänden und hinten anzubringen (*siehe mittlere Abb. Seite 77*).

Sind die orangefarbenen Tafeln des Tankcontainers/Tankwechselbehälters, ortsbeweglichen Tanks oder MEGC außerhalb des Trägerfahrzeugs nicht deutlich sichtbar, so müssen sie auch an beiden Längsseiten des Fahrzeugs angebracht werden (nur bei Einzelfassungsraum > 3000 l).

5.2.5 Kennzeichnung von Batterie-Fahrzeugen

Batterie-Fahrzeuge sind wie Tankfahrzeuge zu kennzeichnen.

5.2.6 Kennzeichen für umweltgefährdende Stoffe (5.2.1.8 ADR)

Bei der Beförderung umweltgefährdender Stoffe ist zusätzliches Anbringen eines Kennzeichens für umweltgefährdende Stoffe erforderlich, wenn die Beförderungseinheit ohnehin mit Großzetteln (Placards) zu kennzeichnen ist.

Achtung:
Ist das Fahrzeug mit diesem Kennzeichen versehen und werden **mehr als 20 l wassergefährdender Ladung** befördert, dann ist das Verkehrszeichen 269 „Verbot für Fahrzeuge mit wassergefährdender Ladung“ zu beachten!

Der Inhalt des Eigenverbrauchstanks (Kraftstoff) sowie Produktreste in Leitungssystemen des Fahrzeugs (Armaturen, Vollschlauchsysteme) sind nicht Bestandteil der Ladung.

5.2.7 Kennzeichnung von Tankfahrzeugen, Tankcontainern und ortsbeweglichen Tanks bei der Beförderung von erwärmten Stoffen

Tankfahrzeuge, Tankcontainer und ortsbewegliche Tanks müssen mit dem Kennzeichen für erwärmte Stoffe versehen sein, wenn sie flüssige Stoffe bei 100 °C oder mehr oder feste Stoffe bei oder über 240 °C befördern oder diese Stoffe mit der genannten Temperatur zur Beförderung übergeben werden. Die Kennzeichnung erfolgt bei Fahrzeugen an beiden Längsseiten und hinten, bei Tankcontainern und ortsbeweglichen Tanks an allen vier Seiten (*siehe auch Abbildung Seite 42*). Gegebenenfalls ist auch das „Kennzeichen für umweltgefährdende Stoffe" erforderlich.

Bitumen-Tankfahrzeug

5.2.8 Kennzeichnung von leeren Tankfahrzeugen, Fahrzeugen mit Aufsetztanks, Batterie-Fahrzeugen, MEGC, Tankcontainern und ortsbeweglichen Tanks

Ungereinigte und nicht entgaste leere Tankfahrzeuge, Fahrzeuge mit Aufsetztanks, Batterie-Fahrzeuge, Tankcontainer, ortsbewegliche Tanks und MEGC müssen wie im gefüllten Zustand mit orangefarbenen Tafeln, die mit Kennzeichnungsnummern versehen sind, mit Großzetteln (Placards) und ggf. mit dem Kennzeichen für umweltgefährdende Stoffe versehen sein.

5.2.9 Entfernen/Abdecken der Kennzeichnung

Orangefarbene Tafeln, Großzettel (Placards) und ggf. Kennzeichen für umweltgefährdende oder erwärmte Stoffe sind zu entfernen oder abzudecken, wenn die Tanks **leer, gereinigt und entgast** sind. Die Abdeckungen der orangefarbenen Tafeln müssen vollständig und nach einer 15minütigen Feuereinwirkung noch wirksam sein (Hinweise des Lieferanten beachten!). Die Klapptafeln und ggf. auswechselbare Ziffern und Buchstaben müssen während der Beförderung so gesichert werden, dass sie selbst bei einem Umkippen an der vorgesehenen Stelle bleiben.

5.2.10 Zu- und Ablauf der Seehäfen

Ortsbewegliche Tanks und Tankcontainer, die einer Beförderung auf See zugeführt oder nach einem Seetransport auf der Straße weiterbefördert werden sollen, müssen nicht gemäß dem ADR bezettelt und gekennzeichnet sein.

Für den Zulauf zum Seehafen darf schon die Kennzeichnung und Bezettelung gemäß IMDG-Code verwendet werden. Für den Ablauf vom Seehafen kann die bereits vorhandene Kennzeichnung und Bezettelung nach IMDG-Code weiter verwendet werden.

In diesen Fällen ist die Beförderungseinheit vorn und hinten mit zwei rechteckigen rückstrahlenden orangefarbenen Tafeln (ohne Nummer zur Kennzeichnung der Gefahr und UN-Nummer) zu kennzeichnen.

Bei Beförderungen in einer Transportkette, die eine See- oder Luftbeförderung einschließt, ist im Beförderungspapier zu vermerken:

„BEFÖRDERUNG NACH ABSATZ 1.1.4.2.1“.

Wird während oder am Ende einer ADR-Beförderung ein Tanksattelauflieger von seiner Zugmaschine getrennt, um auf ein Schiff verladen zu werden, müssen die Großzettel (Placards) auch vorn am Tanksattelauflieger angebracht werden.

5.2.11 Kennzeichnungsbeispiele

Kennzeichnung von Tankfahrzeugen mit nur einem Gefahrgut

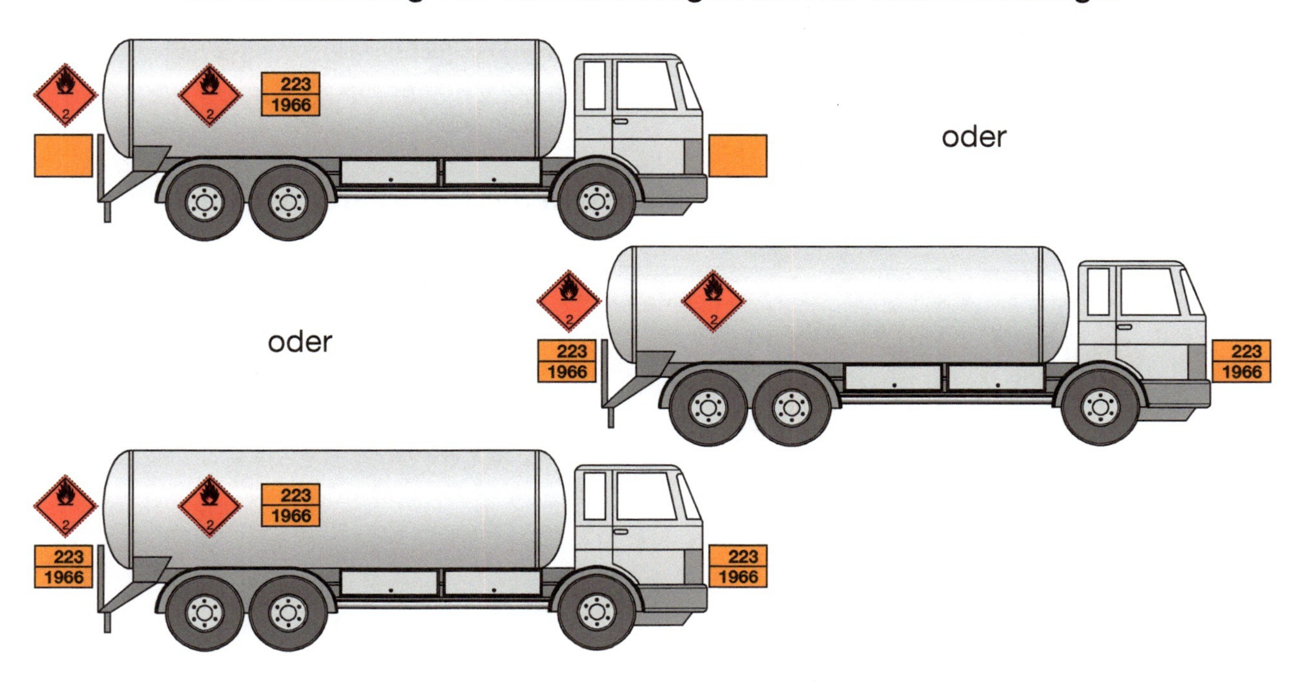

Kennzeichnung von Mehrkammertankfahrzeugen/Mehrproduktentankfahrzeugen

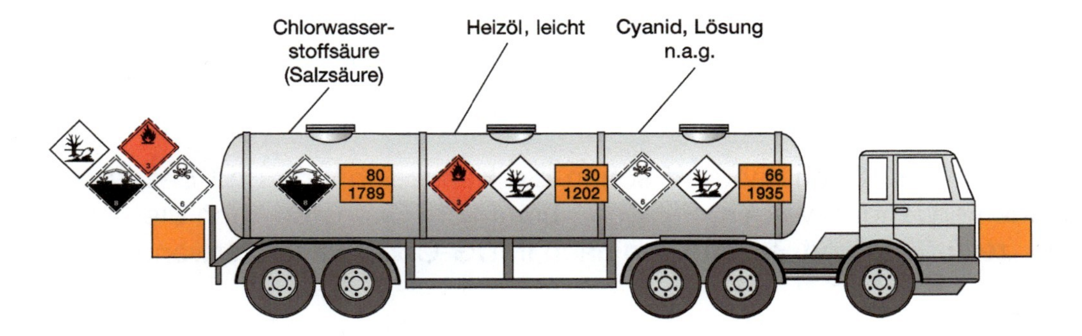

Kennzeichnung von Mehrkammertankfahrzeugen mit bestimmten entzündbaren Flüssigkeiten (eine mögliche Variante; Stoffangaben je Abteil im Beförderungspapier!)

Kennzeichnung von Batterie-Fahrzeugen

Kennzeichnung von Tankcontainern und der Beförderungseinheit

Kennzeichnung von Tanks mit erwärmten Stoffen der Klasse 9
(UN-Nummer 3257) (z.B. Heißbitumen)
(Ggf. Kennzeichen für umweltgefährdende Stoffe erforderlich)

LKW (bedeckt, mit ortsbeweglichem Tank > 3000 l auf der Ladefläche)

LKW-Zug mit Gefahrgut und ohne Gefahrgut (2 Varianten)

5.3 Fürs Gedächtnis

! Die **Kennzeichnungsnummern** (Nummer zur Kennzeichnung der Gefahr und UN-Nummern) dienen den Unfallhilfsdiensten zur Information über das Gefahrgut und zur Erkennung der Gefahren.

! Tanks sind **grundsätzlich mit orangefarbenen Tafeln** mit Kennzeichnungsnummern zu kennzeichnen.

! Orangefarbene Tafeln, Großzettel (Placards) und Kennzeichen für umweltgefährdende Stoffe bleiben am Tank, auch wenn der **Tank leer und ungereinigt** ist, denn von leeren und ungereinigten Tanks gehen erhebliche Gefahren aus!

! Orangefarbene Tafeln, Großzettel (Placards) und Kennzeichen für umweltgefährdende Stoffe nur **verdecken oder entfernen**, wenn der Tank geleert, gereinigt und entgast ist.

! Die Abdeckhauben für die orangefarbenen Tafeln müssen einem Brand von 15 Minuten standhalten. Klapptafeln und **Buchstaben/Ziffern sicher befestigen**.

! Nur die **Kennzeichnungsnummern** verwenden, die **vorgeschrieben** sind.

! Bei der Beförderung von DIESELKRAFTSTOFF (1202), BENZIN (1203) und KEROSIN (1223) sowie FLUGBENZIN (1268, 1863) darf vorne und hinten entsprechend dem **gefährlichsten** geladenen **Stoff gekennzeichnet** werden (Vermerk im Beförderungspapier).

! Für die Kennzeichnung von Tankfahrzeugen, Trägerfahrzeugen mit Aufsetztanks und Batterie-Fahrzeugen ist der **Fahrzeugführer verantwortlich**, für die Kennzeichnung von Tankcontainern, MEGC, ortsbeweglichen Tanks der Befüller.

! Kennzeichnung bei **Mehrkammertankfahrzeugen** mit mehreren Gefahrgütern seitlich an den Tankkammern und am Heck.

! **Großzettel (Placards)** und **Kennzeichen für umweltgefährdende Stoffe** an beiden Längsseiten und an der Rückseite des Tankfahrzeugs/Trägerfahrzeugs mit Aufsetztank oder des Batterie-Fahrzeugs anbringen, bei Tankcontainern, MEGC und ortsbeweglichen Tanks an allen 4 Seiten.

! **Verdeckt beförderte** Tankcontainer, MEGC oder ortsbewegliche Tanks sind außen am Fahrzeug mit Großzetteln (Placards) und Kennzeichen für umweltgefährdende Stoffe zu kennzeichnen (links, rechts und hinten), außerdem (bei mehr als 3000 l) an beiden Längsseiten mit den orangefarbenen Tafeln mit Kennzeichnungsnummern.

! Wird ein **Tanksattelauflieger von seiner Zugmaschine getrennt**, um auf ein Schiff oder Binnenschiff verladen zu werden, müssen die Großzettel (Placards) auch vorn am Tanksattelauflieger angebracht werden.

! Einzeln abgestellte **Gefahrgut-Anhänger** müssen die **orangefarbene Tafel** am Heck geöffnet haben. Die Tafel muss ggf. dem gefährlichsten Stoff entsprechen.

5.4 Kontrollfragen

1. Bei der Beförderung von gefährlichen Abfällen in Tanks sind orangefarbene Tafeln erforderlich. Müssen sich darauf Nummer zur Kennzeichnung der Gefahr und UN-Nummer befinden?

❏ A Es sind Kennzeichnungsnummern nach Gefahrgutliste im ADR mit dem Buchstaben „A" (= Abfall) in der oberen Hälfte der orangefarbenen Tafel anzubringen.

❏ B Die Abfallschlüsselnummer „37102" ist auf der orangefarbenen Tafel anzubringen.

❏ C Ja, weil bei Tankbeförderungen grundsätzlich Nummer zur Kennzeichnung der Gefahr und UN-Nummer vorgeschrieben sind.

❏ D Im oberen Teil muss ein Hinweis auf „ätzende Stoffe" vorhanden sein. (5.2.1)

2. Wo findet der Tankfahrzeugführer Angaben über die anzubringende UN-Nummer?

❏ A Im Beförderungspapier

❏ B Beim Beförderer

❏ C Bei der zuständigen Feuerwehr

❏ D In der ADR-Schulungsbescheinigung (3.1)

3. Sie kennen die an den orangefarbenen Tafeln anzuzeigenden Kennzeichnungsnummern (UN-Nummer und Nummer zur Kennzeichnung der Gefahr) nicht. Was tun Sie?

❏ A Sie fahren ohne Kennzeichnung.

❏ B Sie fragen denjenigen, der Ihnen das Beförderungspapier übergeben hat.

❏ C Sie rufen die nächste Polizei-Dienststelle an.

❏ D Sie fahren mit neutralen orangefarbenen Tafeln los. (Basiskurs)

4. Wie ist ein Mehrkammertankfahrzeug, das verschiedene Gefahrgüter geladen hat, hinten zu kennzeichnen?

❏ A Großzettel (Placards) sowie orangefarbene Tafeln mit Kennzeichnungsnummern für die jeweils geladenen Gefahrgüter

❏ B Neutrale orangefarbene Tafel und Großzettel (Placards) für jedes geladene Gut, ggf. weiteres Kennzeichen

❏ C Bei mehr als 3 verschiedenen Gefahrgütern ist keine Kennzeichnung vorgesehen, weil nicht mehr Zettelhalter angebracht sind.

❏ D Das bestimmt der Verlader im Beförderungspapier. (5.2.9)

5. **Wo müssen Großzettel (Placards) – wenn sie vorgeschrieben sind – an einem Tankfahrzeug angebracht sein?**

- ❑ A An den beiden Längsseiten und an der Rückseite des Tankfahrzeugs
- ❑ B Nur an der Rückseite des Tankfahrzeugs
- ❑ C Nur an der Frontseite des Tankfahrzeugs
- ❑ D Nur an der rechten Längsseite des Tankfahrzeugs (5.2)

6. **In einem Tankfahrzeug sollen in fünf Kammern zwei verschiedene gefährliche Flüssigkeiten mit unterschiedlichen Kennzeichnungsnummern transportiert werden. Wie viele orangefarbene Tafeln müssen insgesamt am Tankfahrzeug geöffnet sein?**

- ❑ A An jeder Fahrzeugseite 5 Tafeln, insgesamt also 10 Tafeln
- ❑ B Nur vorne und hinten eine Tafel, insgesamt also 2 Tafeln
- ❑ C An jeder Fahrzeugseite je 1, außerdem vorne und hinten je 1 Tafel, insgesamt also 4 Tafeln
- ❑ D Auf beiden Fahrzeugseiten je 5 Tafeln, außerdem vorne und hinten je eine Tafel, insgesamt also 12 Tafeln (5.2.2)

7. **In welchem Fall sind die vorgeschriebenen orangefarbenen Tafeln und Großzettel (Placards) an einem Tankfahrzeug mit gefährlichen Gütern zu verdecken oder zu entfernen?**

- ❑ A Nur, wenn der Tank gefüllt ist
- ❑ B Direkt nachdem der Tank entleert wurde
- ❑ C Immer, wenn der Tank leer, gereinigt und entgast ist
- ❑ D Immer, wenn der Tank mit dem gesetzlich vorgeschriebenen Füllungsgrad befüllt ist (5.2.9)

8. **Bei einem Fahrzeug mit Aufsetztank ist der Tank leer, gereinigt und entgast. Was geschieht mit den orangefarbenen Tafeln?**

- ❑ A Die Tafeln müssen abgedeckt oder entfernt werden.
- ❑ B Die Tafeln bleiben für die Rückfahrt unverändert.
- ❑ C Die Tafeln müssen mit anderen Kennzeichnungsnummern versehen werden.
- ❑ D Die Tafeln müssen mit einem schwarzen Schrägstrich versehen werden. (5.2.9)

9. **Der Fahrzeugführer transportiert einen 700 l großen Tankcontainer mit Gefahrgut. Das Fahrzeug ist mit Plane und Spriegel ausgerüstet. Welche Großzettel (Placards) muss der Fahrzeugführer außen am Fahrzeug anbringen?**

❑ A Die gleichen Großzettel (Placards) wie auf dem Tankcontainer

❑ B Keine, da Fahrzeuge mit Plane und Spriegel in keinem Fall mit Großzetteln (Placards) gekennzeichnet werden müssen

❑ C Keine, da nur Tankfahrzeuge mit Großzetteln (Placards) gekennzeichnet werden müssen

❑ D Keine, die Großzettel (Placards) des Tankcontainers sind ausreichend

(5.2.4)

10. **Muss sich im Großzettel (Placard) in der unteren Ecke eine Ziffer befinden?**

❑ A Nur wenn im Tankfahrzeug ein Gefahrgut befördert wird

❑ B Ja

❑ C Nur bei Beförderung in Tankcontainern

❑ D Das ist freigestellt (5.1)

11. **Wie ist ein Tankcontainer mit einem Inhalt von 500 l zu kennzeichnen?**

❑ A An 2 gegenüberliegenden Seiten mit Gefahrzetteln (10 x 10 cm)

❑ B Mit Großzetteln (Placards) bzw. Gefahrzetteln an allen vier Seiten und orangefarbenen Tafeln mit Nummern zur Kennzeichnung der Gefahr und UN-Nummern an beiden Längsseiten

❑ C Mit 2 Großzetteln (Placards)

❑ D An einer Seite mit Gefahrzetteln (10 x 10 cm) (5.2.4)

12. **Was ist bei der Beförderung von Tanks mit mehr als 3000 l Fassungsraum auf der Ladefläche eines bedeckten/gedeckten Fahrzeugs zu beachten?**

❑ A Wiederholung der Großzettel (Placards) und ggf. Kennzeichen seitlich und hinten am Fahrzeug und der orangefarbenen Tafeln an beiden Längsseiten

❑ B Kennzeichnung nur mit orangefarbenen Tafeln vorn und hinten

❑ C Nur Kennzeichnung des Tanks

❑ D Kennzeichnung außen mit orangefarbenen Tafeln mit Nummern zur Kennzeichnung der Gefahr und UN-Nummern (5.2.4, 5.2.11)

13. **Ein Tankfahrzeug ist mit orangefarbenen Tafeln mit der Nummer zur Kennzeichnung der Gefahr „33“ gekennzeichnet. Was bedeutet diese Nummer?**

❏ A Ätzender Stoff

❏ B Giftiger Stoff

❏ C Leicht entzündbarer flüssiger Stoff

❏ D Tiefgekühltes Gas (5.1)

14. **Ein Tankfahrzeug ist unter anderem mit dem Kennzeichen versehen. Was bedeutet das?**

❏ A Hinweis auf Waldsterben

❏ B Umweltgefährdender Stoff

❏ C Ätzender Stoff

❏ D Zusatzkennzeichen für Fischtransporte (5.2.6)

15. **Wann müssen Sie das Verkehrszeichen 269 beachten?**

❏ A Bei allen Gefahrguttransporten

❏ B Nur bei Gefahrguttransporten mit vollem Tank

❏ C Nur beim Transport einer Ladung von mehr als 20 l wassergefährdender Stoffe

❏ D Nur beim Transport von mehr als 3000 l Gefahrgut (5.2.6)

16. **An welchen Stellen muss das abgebildete Kennzeichen an einem Tankcontainer angebracht sein, wenn es vorgeschrieben ist?**

❏ A Nur an der Rückseite

❏ B Nur an der Frontseite des Tankcontainers

❏ C Nur an der rechten Längsseite des Tankcontainers

❏ D An allen vier Seiten (5.2.7)

6 Durchführung der Beförderung

6.1 Betriebs- und Verkehrssicherheit

6.1.1 Abfahrtkontrolle

Vor der Abfahrt (mindestens vor jedem Schichtbeginn) hat sich der Fahrzeugführer davon zu überzeugen, dass sein Fahrzeug in Ordnung ist. Dabei hilft die folgende beispielhafte Checkliste, damit nichts vergessen werden kann. Mängel sind zu erfassen, zu melden und abzustellen.

Eine Unterscheidung in **Sicht- und Funktion**skontrolle kann eine effiziente Abfahrtkontrolle mit den Hinweisen „**S**“ oder „**F**“ unterstützen.

Fahrzeug		**O.K.**	**Nein**
1. Ist die Beförderungseinheit ohne augenscheinliche Mängel?			
	– Räder: Profil, Luftdruck, Fremdkörper, Radmuttern, Beschädigungen wie Risse, Ventile/-kappen, Wintereignung, Reserverad		
	– Beleuchtung: Stand-, Fahr-, Fernlicht, Nebelscheinwerfer/-schlussleuchten, Schlussleuchten, Bremsleuchten, Blinker, Verbindungsleitungen (auch zum Anhänger), Tagfahrlicht, Warnblinker, seitliche Markierungsleuchten, Kennzeichen		
	– Scheiben, Wischer, Waschanlage, Frostschutz, Spiegel inkl. richtiger Einstellung und ggf. Heizung		
	– Füllstände und Dichtheit: Motoröl, Kühlwasser, Kraftstoff, Batterieflüssigkeit, Lenkhydraulik, ggf. Zentralschmieranlage		
	– Druckluft: Bremsen(-probe), Druckaufbau/-verlust, Leitungen, Anschlüsse		
	– Batteriekasten, Batterietrennschalter, Rückfahrwarner		
	– Anhänger-, Sattelkupplung, Verriegelung		
	– Prüffristen, Plaketten, Stempel, Kfz-Kennzeichen		
2. Orangefarbene Tafeln			
	– Korrekte und sichere Anbringung		
	– Richtige Ziffernkombination		
	– Tafeln verdeckt/entfernt, wenn Tank leer und gereinigt		

		O.K.	Nein
3. Großzettel (Placards), ggf. Kennzeichen „umweltgefährdender Stoff“ bzw. „erwärmte Stoffe“			
	– Korrekte Anbringung, Mindestgröße, den Vorschriften entsprechend, unbeschädigt		
	– Placards und Kennzeichen „umweltgefährdender Stoff“, „erwärmte Stoffe“ entfernt, wenn Tank leer und gereinigt		
4. Bei laufendem Motor			
	– Lenkungsspiel		
	– Bremsanlage (Dichtheit, Druckverlust)		
	– OBU, Tachograph		
Tank			
1. In technisch einwandfreiem Zustand (vor dem Befüllen)?			
	– Absturzsicherung/Leiter		
	– Armaturenschrank, Verschluss		
	– Schläuche, Kupplungen		
	– Adapterstücke sicher verstaut?		
	– Armaturen, Anschlüsse, Rohrleitungen, Verbindungen		
	– Darf der Tank mit dem Gefahrgut befüllt werden?		
	– Ggf. gereinigt, gasfrei? (Zertifikate)		
	– Gefährlich reagierende Stoffe nicht in benachbarte Tankabteile! (Zusammenladeverbot)		
	– Maßnahmen gegen elektrostatische Aufladung getroffen?		
2. Prüfung gemäß Tankschild			
	– Erstmalige/wiederkehrende Prüffristen eingehalten?		
	– Ist der Tank für den Transport zugelassen?		
3. Höchstzulässiger Füllungsgrad/höchstzulässige Masse und Achslasten eingehalten? (nach dem Befüllen)			
	– Falls nein – korrigieren!		
	– Außen keine gefährlichen Füllgutreste		
	– Dichtheit der Verschlusseinrichtungen geprüft?		
	– Schläuche tropffrei und sicher verstaut?		

		O.K.	Nein
Ausrüstung (je nach Transportgut)			
	– 2 Feuerlöscher je nach Fz.-Gesamtmasse (geprüft, verplombt, leicht erreichbar und wettergeschützt befestigt)		
	– mind. 1 Unterlegkeil pro Fz. (angepasst an Fz.-Gewicht und Raddurchmesser)		
	– 2 selbststehende Warnzeichen		
	– ggf. Augenspülflüssigkeit		
	– 1 Warnweste für jedes Mitglied d. Fz.-Besatzung		
	– 1 tragbares Beleuchtungsgerät für jedes Mitglied d. Fz.-Besatzung (ggf. ex-geschützt)		
	– 1 Paar geeignete Schutzhandschuhe für jedes Mitglied d. Fz.-Besatzung		
	– Augenschutzausrüstung (Schutzbrille) für jedes Mitglied d. Fz.-Besatzung		
	– ggf. Notfallfluchtmaske für jedes Mitglied d. Fz.-Besatzung (bei Gefahrzettel 2.3 oder 6.1)		
	– ggf. Schaufel – ggf. Kanalabdeckung – ggf. Auffangbehälter } für feste und flüssige Stoffe mit Gefahrzettel 3, 4.1, 4.3, 8 oder 9		
	– „gültiger“ Erste-Hilfe-Kasten		
außerdem: Begleitpapiere		**O.K.**	**Nein**
	– für Ladung (Beförderungspapiere, schriftliche Weisungen, Ausnahmegenehmigungen, Fahrwegbestimmung, ...)		
	– für Fahrzeug (Fahrzeugschein, Gültigkeit der ADR-Zulassungsbescheinigung, ...)		
	– für Fahrzeugbesatzung (Führerschein, ADR-Schulungsbescheinigung, Fahrerkarte u. Reserverollen für digit. Tacho, Nachweis über arbeitsfreie Tage, Toll-Collect-Karte, ggf. noch Ersatzschaublätter ...)		

6.1.2 ADR-Tunnelregelungen

Das ADR enthält mit allen ADR-Staaten abgestimmte Tunnelregelungen. Die Tunnelbeschränkungen müssen von den ADR-Staaten offiziell bekannt und der Allgemeinheit zugänglich gemacht werden. Das BMVI veröffentlicht sie im Verkehrsblatt und auf seinen Internetseiten. Die Tunnelbeschränkungen aller ADR-Vertragsparteien sind im Internet unter **www.unece.org/trans/danger/publi/adr/country-info_e.html** zu finden.

Der Fahrzeugführer hat bestimmte Durchfahrverbote – ggf. mit zeitlichen Einschränkungen – zu beachten, wenn die Tunnel mit den Tunnelkategorien B, C, D oder E gekennzeichnet sind. Wenn den beförderten Gütern in Spalte 15 der Gefahrgut-Liste des ADR ein Tunnelbeschränkungscode zugeordnet ist, dann ist dieser im Beförderungspapier anzugeben. Er muss nicht angegeben werden, wenn vor der Beförderung bekannt ist, dass kein Tunnel mit Beschränkungen für Gefahrguttransporte durchfahren wird.

Tunnelbeschränkungscodes für häufig beförderte Gefahrgüter:

UN 1202 Dieselkraftstoff .... (D/E)
UN 1203 Benzin .... (D/E)
UN 1223 Kerosin .... (D/E)
UN 1863 Düsenkraftstoff .... (D/E)
UN 1965 Kohlenwasserstoffgas, Gemisch, verflüssigt, n.a.g .... (B/D)
UN 3257 erwärmter flüssiger Stoff, n.a.g .... (D)

6.2 Be- und Entladen

Fahrzeuge, die beim Be- oder Entladen im öffentlichen Verkehr oder auf öffentlich zugänglichen Plätzen stehen, müssen durch geeignete selbststehende Warnzeichen (z.B. Warndreieck, Verkehrsleitkegel oder bei Dunkelheit Warnleuchten) gesichert werden.

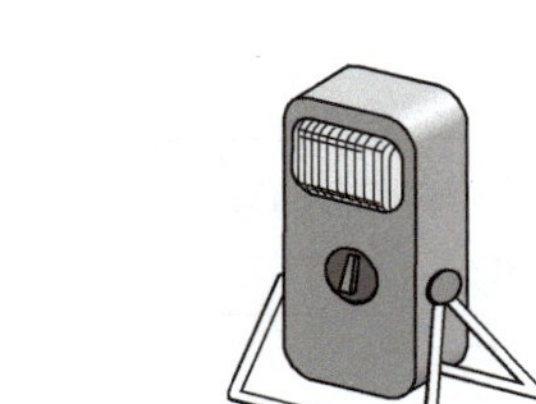

Wenn der Fahrzeugführer selbst befüllen soll, hat der Befüller ihn in die Bedienung der Fülleinrichtung einzuweisen. Entlader müssen den Fahrzeugführer vor der erstmaligen Handhabung in die Entleerungseinrichtung einweisen. In beiden Fällen muss die Einweisung **dokumentiert** werden. Im Mineralölbereich sind regelmäßige Wiederholungen der Einweisungen üblich. Das Befüllen und Entleeren des Tanks hat der Fahrzeugführer ständig zu beobachten, um ggf. eingreifen zu können (Produktstopp). Der Aufenthalt im Fahrzeug ist während der Be- und Entladung nicht gestattet.

Hinweis

Weitere Anforderungen und Anweisungen finden Sie auf der Homepage des Mineralölwirtschaftsverbandes www.mwv.de unter dem Stichwort „Handbuch für Tankwagenfahrer".

6.2.1 Befülltechniken

Grundsätzlich werden zwei Befüllprinzipien unterschieden: die Obenbefüllung („Top loading") und die Untenbefüllung („Bottom loading").

6.2.1.1 Obenbefüllung

Dabei wird das Füllgut z.B. durch den geöffneten Fülllochdeckel in den Tank eingefüllt. Es darf (bei Mehrkammertanks) nur der Deckel geöffnet sein, dessen Tankkammer gefüllt wird.

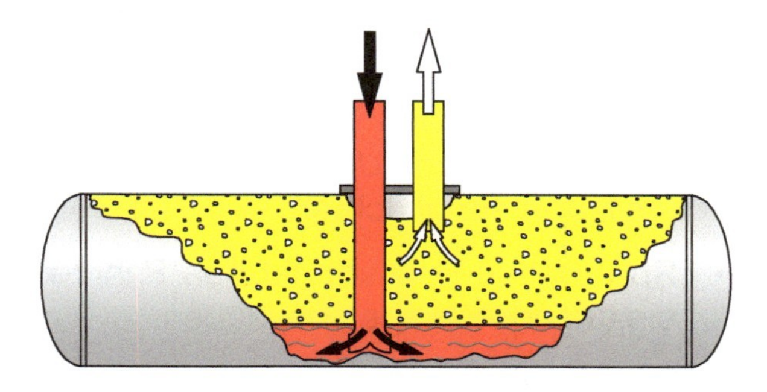

Das Füllrohr muss bis auf den Tankboden eingeführt werden.

Bei dieser Befülltechnik können Produktdämpfe in die Umwelt abgegeben werden. Jedoch kann durch Absaugung über Dichtkegel oder Abzugshauben der größte Teil der Dämpfe wiedergewonnen werden. Dies ist abhängig vom zu ladenden Gut.

Tankwagenfahrer bei Obenbefüllung mit vollständiger Schutzausrüstung und angelegtem Absturzsicherungsgeschirr

6.2.1.1.1 Tätigkeiten beim Beladen am Beispiel eines Tankfahrzeugs mit HEIZÖL, LEICHT

Anfahrt zur Füllstelle

- Zusatzheizung und alle nicht notwendigen elektrischen Geräte abschalten (z.B. Radio).
- Interne Hinweisschilder der Füllstelle beachten (Rauchen, offenes Feuer, Handy verboten, Geschwindigkeitsbegrenzungen).
- Vorsichtig in die Füllposition einfahren, dabei auf herabhängende Füllarme, Schläuche, bewegliche Übergänge, durch Produkt verschmutzte Fahrbahnen und auf Füllstellenpersonal achten.
- Spur halten und sobald das Fahrzeug steht, **Motor abstellen**, Bremsen anziehen, elektrische Anlage abschalten.
- **Tankfahrzeug erden.**
- Sichtprüfung, ob die Anlage in Ordnung ist.

Füllen des Tankfahrzeugs

- Nur für den Tank zugelassene Füllgüter einfüllen (siehe ADR-Zulassungsbescheinigung).
- Ggf. Anlegen der persönlichen Schutzausrüstung.
- Vor dem Besteigen des Doms die Absturzsicherung (Geländer) füllstellen- bzw. fahrzeugseitig aufklappen.
- Ggf. weitere vorhandene/vorgeschriebene Sturzsicherung verwenden, z.B. Tragegestelle mit Gurt.
- Auslaufrohr des Füllarms auf den Boden des Tanks aufstellen und bis zum Ende des Befüllvorgangs aufstehen lassen.
- Befüllung mit gedrosselter Leistung beginnen, bis die Ausläufe des Füllrohrs mit Flüssigkeit bedeckt sind, um die Dampfbildung und elektrostatische Aufladung infolge Spritzens möglichst gering zu halten.
- Bei Erreichen der gewünschten Füllmenge Ventil schließen. **Achtung:** Auf „Nachlaufmengen" achten. Füllarm anschließend vorsichtig herausnehmen.
- Bei Gewitter ist der Betrieb einzustellen (Füllarm herausnehmen, Fülldeckel schließen).
- Bei Produktwechsel beachten:
  War vorher Ottokraftstoff geladen, so müssen die Kammern speziell behandelt werden und dürfen anschließend nicht direkt mit Heizöl, leicht befüllt werden.
  (Allgemein: Wenn sich die Eigenschaften [z.B. Flammpunkt] des neuen Füllguts vom vorher in dem Tank beförderten Füllgut unterscheiden, so muss dies dem Verantwortlichen gemeldet werden, damit er festlegen kann, unter welchen Bedingungen der Wechsel zulässig ist.)

Bei Zusammenladung beachten:

Es ist verboten, Ottokraftstoffe oder Spezialbenzine gemeinsam mit HEIZÖL, LEICHT in einem Mehrkammer-/Mehrproduktentankfahrzeug zu transportieren, um gefährliche Vermischungen in Heizöllagertanks zu verhindern.

Werden jedoch Ottokraftstoff und Heizöl, leicht, in unterschiedlichen Fahrzeugen einer Beförderungseinheit (Motorwagen mit Anhänger) transportiert, muss die Entladung über separate Auslaufsysteme erfolgen, damit es zu keiner Produktvermischung kommen kann.

Es ist verboten, Produkte, die sonst gemeinsam befördert werden dürfen, wie z.B. Otto- und Dieselkraftstoff, in Kammern zu transportieren, die durch eine gemeinsame Gaspendelleitung ständig miteinander verbunden sind. Auch die Abgabesysteme müssen vollständig voneinander getrennt sein.

Befüllung von oben:

- Nur den einen Fülldeckel offen halten, dessen Kammer befüllt wird.
- Zughebel bzw. Zugleinen dürfen nicht festgemacht (arretiert) oder außer Funktion gesetzt werden (Totmannschalter).
- Den Produktfluss rechtzeitig so drosseln, dass auch durch den Nachlauf die zulässige Füllmenge und unter Umständen das zulässige Gesamtgewicht nicht überschritten wird (Füllungsgrad!).

6.2.1.1.2 Obenbefüllung Chemiefahrzeug

Wir weisen an dieser Stelle darauf hin, dass aufgrund der Vielfalt nicht alle chemischen Produkte berücksichtigt werden können, sondern vielmehr ein genereller Überblick erfolgt. Die Anweisungen und Regelungen sind unterschiedlich und orientieren sich in der Regel am Produkt bzw. den Produkteigenschaften.

- Es sind die Weisungen der Füllstelle und des Personals einzuhalten.
- Auf besondere Warn- und Hinweistafeln (z.B. Rauchverbot, Helmpflicht, Atemschutz, Schutzanzüge, besondere Vorfahrtsregeln etc.) achten und diese einhalten
- Je nach Produkt Vorladungsdokumente bzw. Reinigungszertifikate etc. vorlegen
- Das Anlegen der persönlichen Schutzausrüstung (produkt- und ladestellenabhängig) erfolgt, je nach Betriebsorganisation, nach dem Anmelden oder unmittelbar vor dem Betreten der Verladeeinrichtungen/Tankwagen.
- Bei der Verladung von chemischen Produkten gibt es grundsätzlich 2 Varianten:
  - Die Verladestelle befüllt den TKW mit eigenem Personal (Der Fahrer hat in diesem Fall das Fahrzeug „vorzubereiten“).

- Die Befüllung übernimmt der TKW-Fahrer (Der Fahrer muss dann in die Handhabung der Beladeeinrichtung eingewiesen sein!).

- Einfahren in den Füllbereich
  - Vorsicht bei engen Ein- und Durchfahrten (Hindernisse, Rohrleitungen o.Ä.)
  - Sichere Standposition einnehmen (Feststellbremse anziehen, Motor und Nebenverbraucher abstellen, ggf. das Fahrzeug je nach Vorgaben der Füllstelle mit Unterlegkeilen sichern und stromlos (über Batterietrennschalter) schalten
  - Ggf. Fahrzeug absichern und kenntlich machen
  - Ggf. Fahrzeug erden
- Absturzsicherungen aufstellen (fahrzeug- und/oder ladestellenseitig). Besonderheiten der Absturzeinrichtungen der Ladestellen beachten (Auffanggurte o.Ä.)
- Deckelschrauben lösen und Deckel öffnen (Regen-/Schutzhauben öffnen)
  - Nur den Deckel der zu befüllenden Kammer öffnen
  - Füllrohr möglichst senkrecht auf den Tankboden einführen
  - Ggf. Dämpfe-Absaugeinrichtungen ordnungsgemäß aufsetzen
- Füllvorgang starten (Restmengen berücksichtigen) und ständig beobachten
- Sichere Position in Nähe der Abschaltung und/oder des Notausschalters einnehmen
- Tankkammer und Fahrzeug nicht überfüllen und/oder überladen (Achslasten beachten!)
- Vor Erreichen der max. Füllmenge den Volumenstrom frühzeitig drosseln – Füllvorgang stoppen
- Füllrohr vorsichtig aus der Tankkammer ziehen und geeigneten Tropfeimer unter dem Auslass anbringen
- Fülldeckel verschließen (auf festen Sitz der Knebelschrauben achten) und mit der nächsten Kammer fortfahren
- Nach der Beladung Schutzhauben schließen, Absturzsicherungen einfahren
- Fahrzeugrundgang durchführen (auf Füllreste am Tank, Leckagen oder andere Defekte achten)
- ADR-konforme Kennzeichnung am Fahrzeug anbringen
- Ggf. persönliche Schutzausrüstung entfernen (auch hier auf Defekte, Produktanhaftungen etc. achten)
- Fahrzeug vorsichtig aus dem Füllbereich herausfahren
- Beförderungspapiere entgegennehmen und überprüfen (Produkte, Mengen etc.)

6.2.1.2 Untenbefüllung

6.2.1.2.1 Untenbefüllung bei Mineralölprodukten

Aus Gründen des Umweltschutzes und der Arbeitssicherheit werden vermehrt Tankfahrzeuge für die Beförderung von Mineralölprodukten mit besonderen Einrichtungen zur Untenbefüllung hergestellt und verwendet. Das Untenbefüllen wird auch als „bottom loading" bezeichnet.

Die Technik des Untenbefüllens hat folgende Vorteile:

1. Bei der Befüllung der Tanks werden keine Produktdämpfe freigesetzt, weil die Befüllleitungen an der Unterseite der Tanks angeschlossen werden und die dem Tank entweichenden Dampf-Luft-Gemische über eine separate Gaspendelleitung zurückgeführt werden. Ggf. vorhandene Fülldeckel oder Peilstaböffnungen auf der Tankoberseite (Dom) müssen bei der Untenbefüllung geschlossen sein.
2. Die Befüllung kann verhältnismäßig schnell erfolgen, da mehrere Kammern über jeweils separate Füllleitungen mit unterschiedlichen Produkten gleichzeitig befüllt werden können.
3. Überfüllungen des Fahrzeugtanks werden durch eine Überfüllsicherung, die am Tankscheitel in den Tank hineinragt, vermieden. Bei Erreichen des Stellglieds wird entweder das Bodenventil des Fahrzeugs geschlossen oder die Pumpe der Befülleinrichtung angesteuert und gestoppt.
4. Zum Befüllen der Tanks muss der Tankwagenfahrer nicht auf den Tank steigen. Das erleichtert seine Arbeit und verringert die Unfallgefahr (Herabstürzen vom Tank).
5. Fahrzeuge, die von unten befüllt werden, aber auch eine Obenbefülleinrichtung besitzen, dürfen aus Sicherheitsgründen während des „Bottom loadings" nicht bestiegen werden! Hinweise der Verladestelle beachten und einhalten.

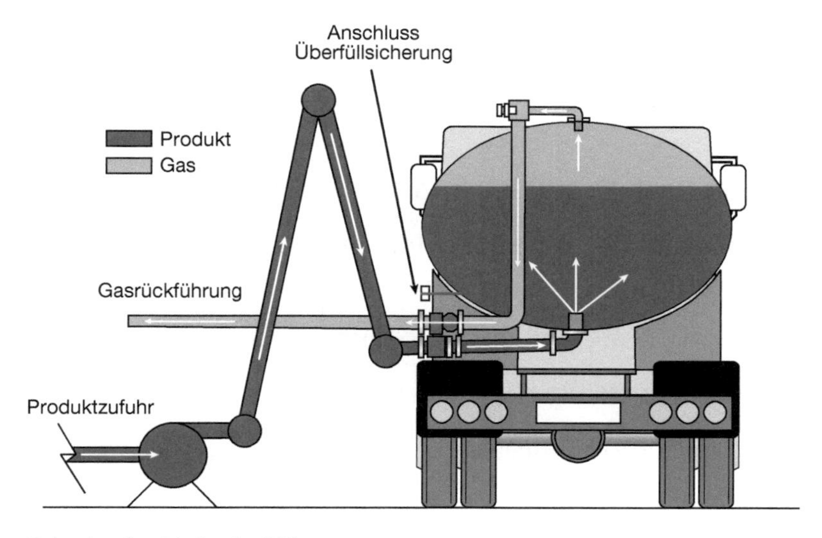

Prinzip der Untenbefüllung

Befüllung von unten:

- Befüllanschlüsse der verschiedenen Produkte „sortieren", Erdung und Überfüllsicherung anschließen. Gaspendelleitung anschließen.
- Befüllkupplungen an Tankwagen anschließen, Kontrolle der richtigen Produkt- und Kammerzuordnung, dann Absperrorgane am Tankfahrzeug öffnen.
- Auf Dichtheit der Anschlüsse achten.
- Werden keine Trockenkupplungen verwendet, sind mögliche Reste im Füllschlauch in geeignete Gefäße zu füllen.
- Sicherstellen, dass keine Kammer überfüllt wird.
- Bevor die Schlauchverbindung getrennt wird, Absperrorgane am Tankfahrzeug schließen, zuerst innenliegendes Ventil.

6.2.1.2.2 Maßnahmenfolge beim Füllen eines Flüssiggas-Tankwagens

- Schutzzone von 10 m – bei Vollschlauchsystem 5 m –, gemessen von den Armaturen, einhalten.
- Fahrzeug gegen Fortrollen zweifach sichern: **Handbremse** anziehen und **Unterlegkeile** vorlegen.
- Erden des Fahrzeugs durch **Erdungskabel.**
- **Reißleinen** für die Fernabstellung des Motors und für das Schließen der Bodenventile auslegen, falls vorhanden.
- Auf ebenen Stand des Fahrzeugs achten.
- Vollständige PSA tragen, spezielle Handschuhe verwenden (Schutz gegen Erfrierungen!).
- Füllschlauch und gegebenenfalls Gaspendelschlauch anschließen.
- Inhalt des Fahrzeugbehälters mit Drehpeilrohr (*siehe Seite 37*) bzw. Füllstandsanzeiger feststellen.
- Ventile am Fahrzeug nach Schaltschema auf „Füllen" stellen.
- Bei ca. 70 % Füllung das der jeweiligen Temperatur entsprechende **Normalpeilventil** (*siehe Seite 38*) öffnen.
- Sobald das Gas flüssig aus dem Normalpeilventil austritt, Füllvorgang beenden.
- Mit dem zugehörigen **Kontrollpeilrohr** prüfen, ob keine **Überfüllung** erfolgte.
- Gas darf hier nur gasförmig austreten.
- Bei Überfüllung Behälter unverzüglich auf zulässige Füllung entleeren.
- Ventile schließen und nach Schaltschema auf „Fahrt" stellen.

- Entspannen der Verbindungsleitungen.
- Schläuche lösen (Vorsicht bei Entspannung), Blindkappen aufschrauben.
- Alle Armaturen auf Dichtheit prüfen.
- Erdungskabel und Reißleinen einholen.
- Armaturenkasten schließen.
- Auf **Waage** feststellen, ob das Fahrzeug nicht **überladen** ist.

6.2.1.3 Vermeiden von Überfüllungen beim Befüllen des Tankfahrzeugs

Zu Beginn des Befüllvorgangs stellt der Fahrzeugführer oder das Befüllpersonal die gewünschte Füllmenge an der Füllstelle ein (Mengenvoreinstellung). Mögliche Restmengen in der Tankkammer sind zu berücksichtigen, damit der zulässige Füllungsgrad und das zulässige Gesamtgewicht nicht überschritten werden.

Wurde eine zu große Menge vorgewählt (z.B. weil eine Restmenge im Tank nicht berücksichtigt wurde), so gibt die Überfüllsicherung im oberen Bereich des Tanks ein Signal an eine Steuereinheit, die den Befüllvorgang vor Erreichen des zulässigen Füllungsgrades unterbricht.

Achtung: Eine Überfüllsicherung muss nicht bei jedem Tankfahrzeug vorhanden sein. Oftmals existiert aber seitens der Ladestelle eine Überfüllsicherung. Der Sachverhalt muss vor der Befüllung geklärt werden.

6.2.1.4 Nach dem Füllen

- Füllarm so abnehmen, dass abtropfende Restmenge gefahrlos aufgefangen werden kann.
- Domdeckel zuklappen und sicher verschließen.
- Probeentnahmen, Peilungen, Temperaturmessungen frühestens 5 Minuten nach Füllende. (Dazu Geräte aus elektrisch leitfähigem Material benutzen; keine Kunststoffteile verwenden; Draht am Rand der Füllöffnung entlanggleiten lassen) (Abb. 1).
- Übergänge hochklappen, Absturzsicherung (Geländer) einklappen (Abb. 2).
- Erdung trennen (Abb. 3).
- Kontrollieren, ob Ventile geschlossen und dicht sind.
- Füllgutreste entfernen.
- Ablass-Stutzen und Füllstutzen mit Kappen sichern, ggf. verschließen.
- Armaturenschrank (wenn vorhanden) verschließen.

- Orangefarbene Tafeln, Großzettel (Placards) und andere erforderliche Kennzeichen prüfen.
- Nur mit leerer Domwanne und geschlossenem Entleerungshahn fahren.
- Zusatzheizung und elektrische Geräte erst nach Verlassen der Füllstelle wieder einschalten.

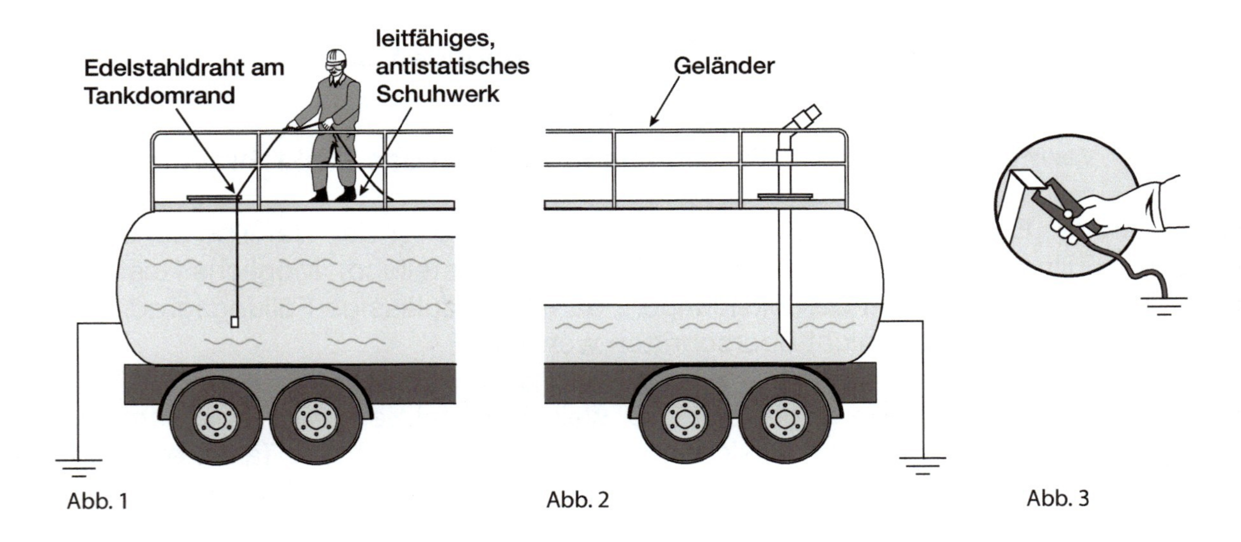

6.2.2 Entleerungstechniken

6.2.2.1 Obenentleerung

Für besonders gefährliche Güter ist oft Obenentleerung vorgeschrieben, weil Öffnungen im Tank unter der Flüssigkeit zusätzliche Risiken darstellen (siehe Tankcodierung).

Die Entleerung erfolgt mit Saugpumpe oder Druckbeaufschlagung (Mit Druck wird der Tankinhalt über ein Steigrohr entleert).

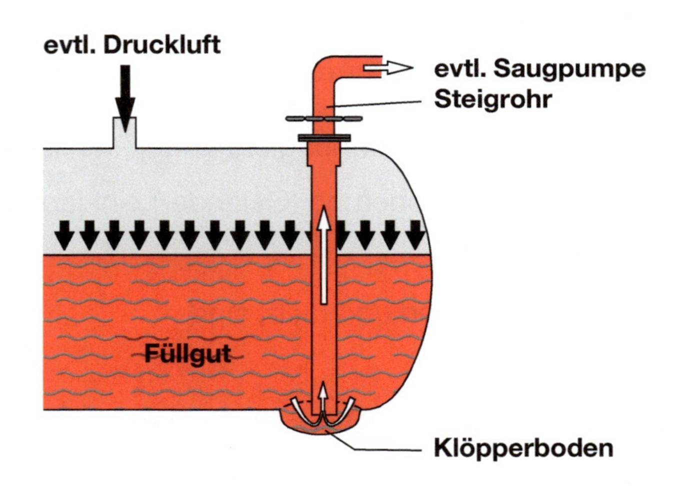

6.2.2.2 Untenentleerung

Im Regelfall erfolgt die Entleerung eines Tanks über untenliegende Bodenventile. Vorgeschrieben sind mindestens 2 hintereinanderliegende Absperreinrichtungen, je nach Produkt. Zuerst das innere Ventil verschließen.

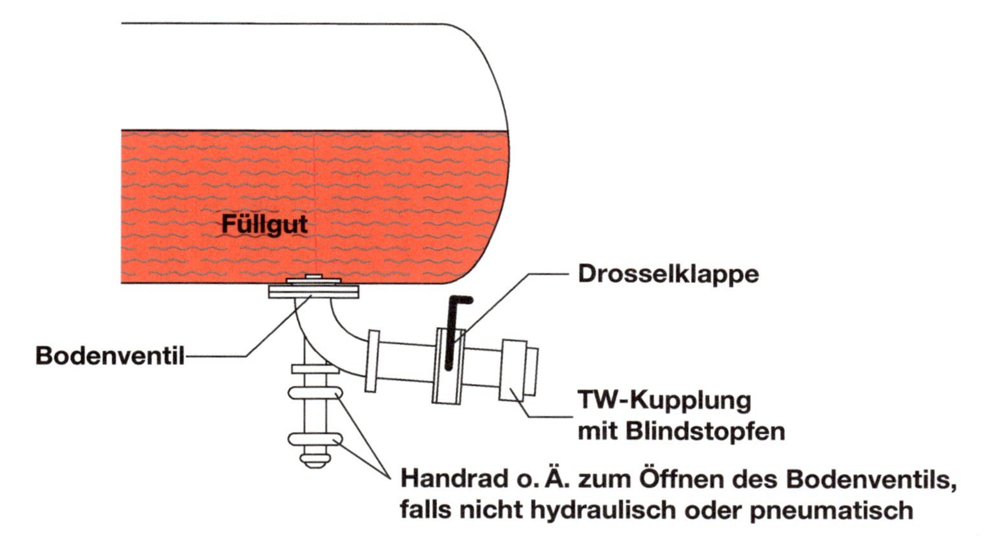

Zuerst das innenliegende Ventil, danach den zweiten Verschluss schließen. Den Auslass mit Verschlusskappe (dritte Verschlusseinrichtung) verschließen. Auf Dichtheit achten!

Chemietankfahrzeug (Abgabestutzen)

6.2.2.2.1 Tätigkeiten bei der Abgabe von entzündbaren flüssigen Stoffen aus Tankfahrzeugen

Wenn das Tankfahrzeug in öffentlich zugänglichen Bereichen (Straßenverkehr, Tankstellen) entladen werden muss, ist es während des Entladens den Verhältnissen entsprechend zu sichern (Feststellbremse, ggf. Unterlegkeil, Warndreieck, -kegel oder Warnleuchte).

- Im innerstaatlichen Verkehr muss der Entlader den Fahrzeugführer erstmalig in die Entleerungseinrichtung einweisen.
- Sichtprüfung, soweit von außen möglich, ob der zu befüllende Tank, Anschlüsse und Rohrleitungen in Ordnung sind.
- Feststellen, ob die bestellte Menge in dem zu befüllenden Tank Platz hat (vorpeilen).
- Tankfahrzeug vor der Entladung erden.
- Abfüllsicherung des Tankfahrzeugs mit dem Grenzwertgeber des Lagertanks verbinden.
- Funktionsfähigkeit des Grenzwertgebers überprüfen.
- Bei Abgabe über Zählwerk müssen die Abgabearmaturen erforderlichenfalls entlüftet werden.
- Schlauchverbindung zwischen Tankfahrzeug und Anschluss des Lagertanks herstellen.
- Bei Abgabe von Ottokraftstoffen Gaspendelleitung anschließen.
- Bodenventil öffnen.
- Pumpe einschalten (nicht bei Schwerkraftabgabe oder Absaugen durch die Anlieferstelle).
- Durchgangsventile öffnen.
- Abgabevorgang fortlaufend überwachen, dabei wiederholt den Füllstand des Lagertanks prüfen.
- Nicht dem Grenzwertgeber „blind vertrauen".
- Nach erfolgter Abgabe (ggf. Pumpe abstellen) alle Ventile schließen, Schlauch und Verbindungskabel einholen und sicher unterbringen.

Achtung:
An Behältern mit weniger als 1000 l Fassungsraum ist ein Grenzwertgeber nicht zwingend vorgeschrieben. Die Abgabe an solche Behälter ohne Abfüllsicherung ist zulässig, jedoch dürfen sie mit max. 200 l/min befüllt werden (Bypass).

Lagertanks für Heizöl, leicht, Dieselkraftstoff und Ottokraftstoff mit mehr als 1000 l Fassungsraum dürfen nicht ohne Abfüllsicherung befüllt werden (lt. Regelungen über den Umgang mit wassergefährdenden Stoffen).

6.2.2.2.2 Abfüllsicherung und Grenzwertgeber

Die Abfüllsicherung am Tankfahrzeug hat den Zweck, im Zusammenwirken mit dem Grenzwertgeber am Kundentank ein Überfüllen und damit eine Umweltverunreinigung zu verhindern. Sie besteht am Tankfahrzeug aus einem Schaltverstärker, einem Stellglied und einem Verbindungskabel. Die Signalübertragung ist unter bestimmten Bedingungen auch per Funk möglich.

Merke

✔ Der Grenzwertgeber ist kein Abschaltgerät, sondern eine Sicherheitseinrichtung.

Erreicht die Flüssigkeit den Sensor, wird ein Signal an die Abfüllsicherung geleitet. Ein Magnetventil schließt dann das Durchgangsventil oder Bodenventil (Stellglied), und der Produktfluss wird gestoppt.

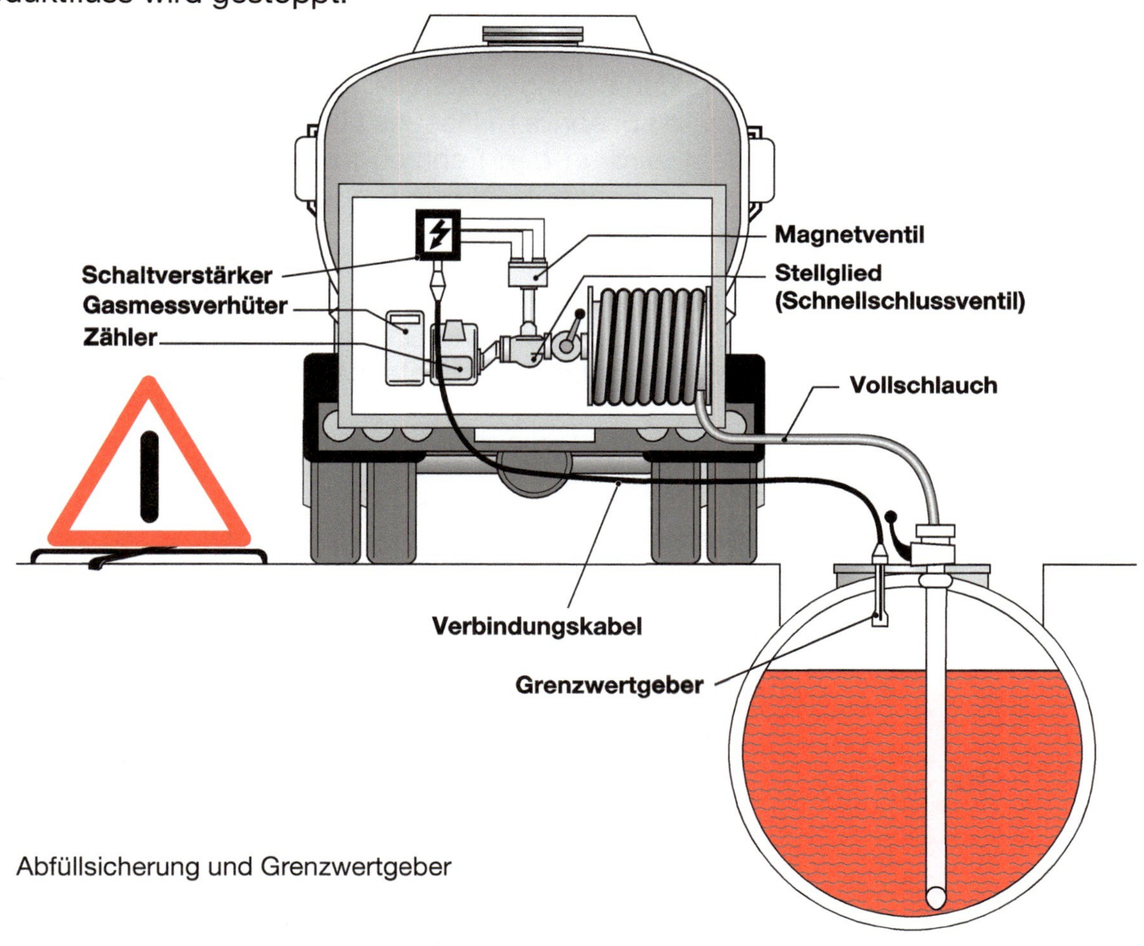

Abfüllsicherung und Grenzwertgeber

6.2.2.2.3 Befüllung von Tanks mittels selbständig schließenden Zapfventils

Transportbehälter (d.h. festverbundene Tanks, Aufsetztanks, Tankcontainer, IBC und ortsbewegliche Gefäße) dürfen nur im Vollschlauchsystem befüllt werden. Dabei ist ein nach dem „Totmannprinzip“ schließendes Zapfventil zu benutzen. Totmannprinzip heißt, dass der Fahrzeugführer die Abfülleinrichtung von Hand betätigt; sobald er aus irgendeinem Grunde loslässt, schließt sich das Ventil automatisch. Die Füllraten dürfen 200 l/min nicht überschreiten.

Kraftstoffbehälter von ortsbeweglichen Arbeitsmaschinen dürfen im Freien aus Straßentankfahrzeugen, Aufsetztanks oder Tankcontainern befüllt werden. Dabei ist ebenfalls ein Vollschlauchsystem mit einem nach dem Totmannprinzip schließenden Zapfventil zu verwenden. Der Volumenstrom darf nicht mehr als 200 l/min betragen.

Verkehrszeichen gemäß StVO sind zu befolgen (z.B. Wasserschutzgebiet, dann darf keine Betankung erfolgen!).

6.2.2.2.4 Das Gaspendelverfahren oder die Umfüllung im geschlossenen System

Wenn ein Empfängertank gefüllt wird, entweicht ein Gemisch aus Luft und den letzten Füllgutdämpfen aus dem Tank. Da dieses Produktdampf-Luft-Gemisch je nach Produkt gefährlich, zumindest aber belästigend in Wohngebieten sein kann, lässt man das Dampf-Luft-Gemisch nicht in die Atmosphäre ab, sondern lässt es über eine besondere Leitung, die zusätzlich zur Füllleitung verlegt wird, in den Fahrzeugtank **zurückpendeln**. Diese zweite Leitung wird Gaspendelleitung genannt. Den Vorgang nennt man **Gaspendeln** oder **Umfüllen im geschlossenen System**.

Das Gaspendelverfahren **muss** immer angewendet werden, wenn am Empfängertank ein entsprechender **Hinweis** angebracht ist (z.B. „Achtung Gaspendeln"). Das Gaspendelverfahren wird umgekehrt auch beim Befüllen des Fahrzeugtanks überwiegend angewendet.

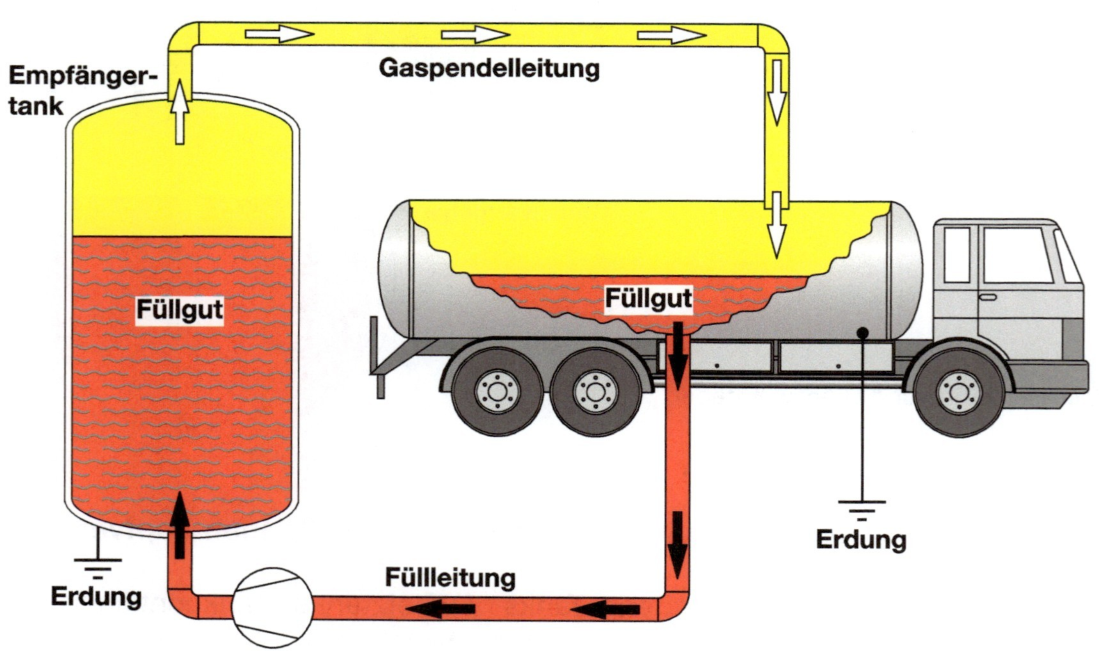

Das Gaspendelverfahren

Eine andere Methode, die Freisetzung gefährlicher Gas- oder Dampfmengen beim Umfüllen zu verhindern, ist die Verwendung von Dichtkegeln oder Schutzglocken. Diese dichten die zum Umfüllen geöffneten Öffnungen wirksam ab, damit die Dämpfe komplett abgesaugt werden können.

6.2.3 Reinigen, Spülen und Inertisieren

Um bei einem **Produktwechsel** ungewollte Vermischungen von Resten des letzten Füllgutes mit dem nächsten Füllgut zu vermeiden, müssen unter Umständen besondere Vorkehrungen getroffen werden.

Vermischungen sind unerwünscht, wenn besondere Qualitätseigenschaften (Reinheit) eingehalten werden müssen oder wenn eine Vermischung zu gefährlichen chemischen Reaktionen führen kann.

Je nachdem, welche Anforderungen zu erfüllen sind, kann eine Vermischung vermieden werden durch

- **Tankreinigung**, wobei der Tank in besonders dafür eingerichteten Reinigungsanlagen innen mit speziellen Reinigungslösungen gereinigt wird. Als Dokument wird ein sog. Reinigungszertifikat ausgestellt.
- **Spülen**, wobei der Tank mit einer Spülladung ausgespült wird. Spülungen sind beim Wechseln unterschiedlicher Produkte (z.B. Wechsel von Heizöl, leicht auf Dieselkraftstoff) üblich.

Aus Arbeitsschutzgründen ist es erforderlich, Tanks zu reinigen, an denen bestimmte Arbeiten (z.B. Schweißarbeiten) durchgeführt werden sollen. Anschließend müssen die Tanks entgast/gasfrei gemacht werden.

Tanks, die Gase enthalten haben, werden dazu **inertisiert**. Dazu wird der Tank zunächst mit einem ungefährlichen Gas (z.B. Stickstoff) oder Gasgemisch und anschließend mit Luft gespült.

Reinigung von Saug-Druck-Tanks (GGAV Ausnahme 22 (E, S))

Die Tanks sind nach jeder Benutzung zu reinigen und vor der erneuten Befüllung auf Schäden zu untersuchen. Gleiches gilt für die Armaturen und Dichtungen. Werden in festverbundenen Tanks und Aufsetztanks bei aufeinanderfolgenden Beförderungen die gleichen Güter befördert, sind die Tanks nach der ersten Beförderung und danach in Abständen von längstens 7 Tagen zu reinigen und zu untersuchen.

Nach der Reinigung ist die Gefahrgutkennzeichnung zu entfernen.

6.3 Besondere Gefahrenquellen

6.3.1 Elektrostatische Aufladung

In Abhängigkeit von den Produkteigenschaften kann während der Umfüllvorgänge beim Be- und Entladen sowie während der Beförderung die Flüssigkeitsbewegung zu elektrostatischer Aufladung des Tanks und seiner Ausrüstungsteile führen.

Wenn Gegenstände mit unterschiedlicher elektrischer Ladung miteinander elektrisch leitend verbunden werden, kommt es schlagartig zu einem Potentialausgleich. Dabei entstehen unter Umständen energiereiche Funken, die zur Zündung einer explosiven Atmosphäre führen können.

Um die statische Elektrizität kontrolliert ableiten zu können, sind am Tankfahrzeug **Erdungsanschlüsse** angebracht. Sie sind mit dem Erdungssymbol gekennzeichnet*). Innerhalb des Tanks sorgen metallische Leiter für die Abführung der elektrischen Aufladung an den Tankmantel und damit an die Erdungsstellen.

*) *Das Erdungssymbol gemäß ADR weicht etwas von dem Schaltzeichen gemäß europäischer Normung ab.*

Um zu verhindern, dass ein unkontrollierter, gefährlicher Ladungsausgleich zwischen Tankaufbau und Fahrgestell eintritt, sind diese beiden Baugruppen eines Tankfahrzeugs leitend miteinander verbunden.

Erdungssymbol gemäß EN 60617 — Erdungssymbol gemäß ADR

An einem der gekennzeichneten Erdungsanschlüsse muss vor dem Be- und Entladen die **Erdungsklemme** angeschlossen werden. Die Erdungsstellen am Fahrzeug/Tank dürfen nicht lackiert sein.

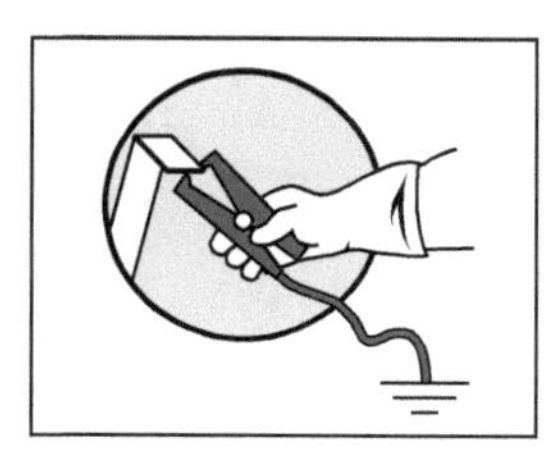

Fahrzeug erden

Ausnahme: An Mineralöltankfahrzeugen sind die Abgabeschläuche in der Regel elektrisch leitend ausgeführt.

6.3.2 Füllungsgrad (höchstzulässige Füllmenge)

Tanks dürfen nicht vollständig gefüllt werden. Der zulässige Füllungsgrad ist abhängig vom Ladegut. Er wird dem Fahrzeugführer, wenn dieser selbst befüllt, vom Befüller mitgeteilt. **Ist der zulässige Füllungsgrad nicht bekannt, so darf der Tank nur zu 85 % gefüllt werden (Ausnahme bei Gasen)**, es sei denn, gemäß den Sondervorschriften nach 4.3.5 ADR (TU…) sind geringere Füllungsgrade vorgeschrieben.

Grundsätzlich darf aber die maximal zulässige Fahrzeuggesamtmasse nicht überschritten werden.

Der füllungsfreie Raum ist erforderlich, um ein Überlaufen oder Bersten des Tanks auch dann zu vermeiden, wenn der Tank z.B. infolge Sonneneinstrahlung erwärmt wird und der Tankinhalt sich ausdehnt.

Merke

✔ Bei zu hohem Füllungsgrad kann an Steigungen oder Gefällen Produkt austreten, wenn die Kippventile geöffnet sind (z.B. zur Entladung).

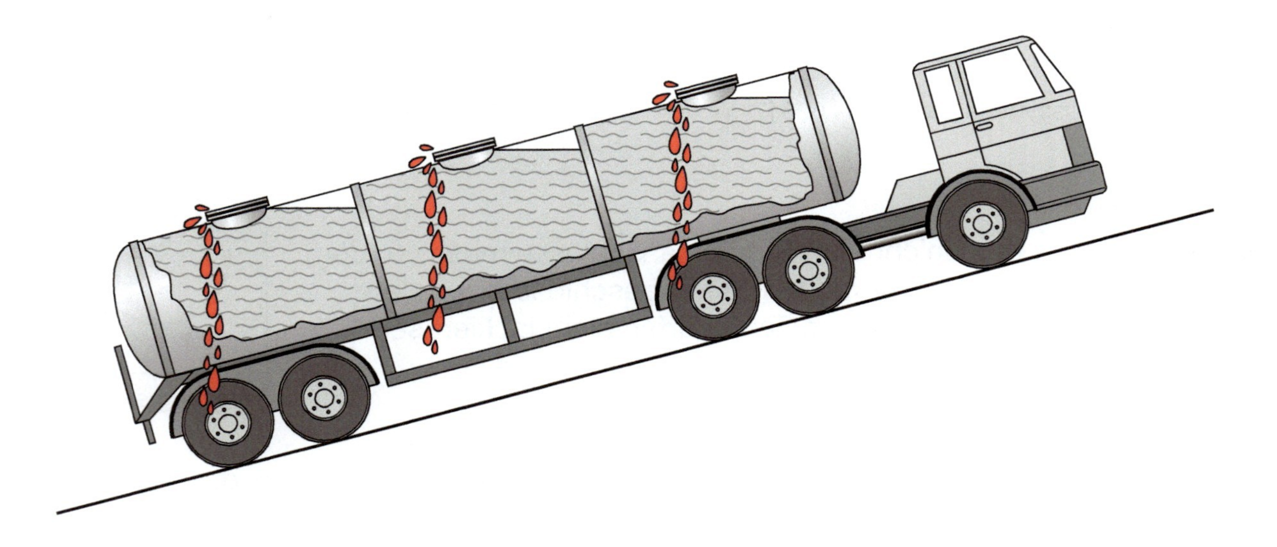

6.3.3 Überladung

Tankfahrzeuge können sowohl überfüllt (*siehe Kap. 6.3.2*) als als auch überladen werden. Oftmals ist der Tankraum so ausgelegt, dass bei „leichten" Produkten das Fahrzeug auf das max. zulässige Gesamtgewicht ausgeladen werden kann, ohne den maximalen Füllungsgrad zu erreichen. Werden „schwere" Produkte (höhere spezifische Dichte) eingefüllt, besteht dann die Gefahr der Überladung. Diese kann sowohl das gesamte Fahrzeug als auch einzelne Achsen betreffen und kann insbesondere bei Teilentladungen auftreten.

An Schrägen ist die Gefahr noch größer, wenn zum Entladen mehrere Bodenventile gleichzeitig geöffnet sind und das Fahrzeug eine gemeinsame Ablaufleitung besitzt. Es kommt dann über die Bodenventile und die gemeinsame Rohrleitung zum Niveauausgleich zwischen den einzelnen Tankkammern.

Die Gefahr der Überladung (pro Achse) kann sich erhöhen, wenn bei der Entladung nur einzelne Abteile entleert werden und damit die Lastverteilung ungünstiger wird. Teilentladungen sind, wenn möglich, schon bei der Beladung des Fahrzeugs zu berücksichtigen (*siehe auch Seite 107*).

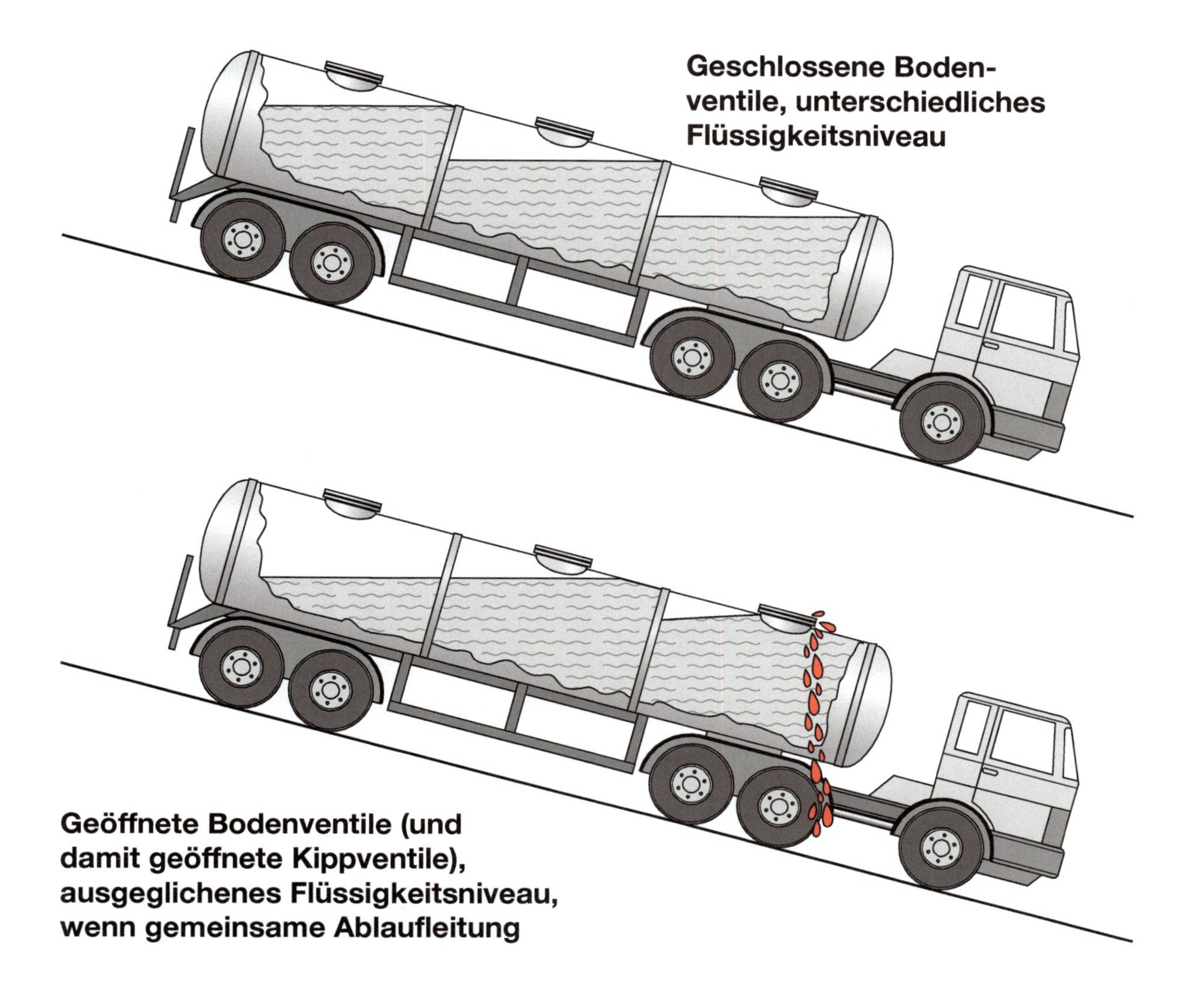

6.4 Fahrverhalten

Damit sich die Ladung eines Lkw auf der Ladefläche nicht übermäßig bewegt, muss sie gesichert werden. Sonst besteht die Gefahr, dass die Ladung bei einer Notbremsung zu einem gefährlichen „Geschoss“ wird und andere Verkehrsteilnehmer behindert oder gefährdet werden.

Bei der Beförderung von Flüssigkeiten in Tankfahrzeugen besteht die Möglichkeit der Sicherung der eigentlichen Ladung nicht. Gerade bei Tankfahrzeugen kann sich deshalb eine ungleichmäßige Ladungsverteilung (z.B. bei Mehrkammerfahrzeugen) oder die Bewegung (Schwall) des Tankinhalts nachteilig auf das Fahrverhalten auswirken.

Der Schwall wird hervorgerufen durch:

- Fliehkräfte beim Durchfahren von Kurven
- Abbremsen
- Beschleunigen.

Fliehkräfte (Querkräfte) werden durch Querbeschleunigung z.B. beim Durchfahren von Kurven erzeugt.

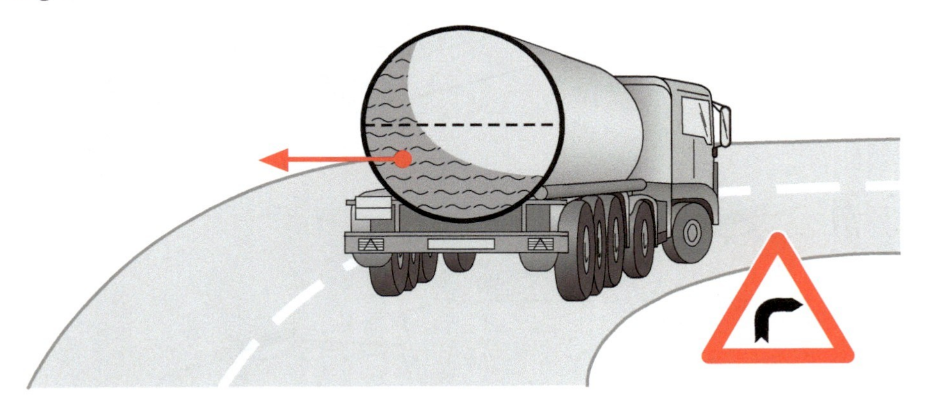

Längskräfte treten beim Beschleunigen und Abbremsen in Fahrtrichtung auf.

Schleudern und Kippen

Die **Fliehkraft** (auch Zentrifugalkraft genannt) wirkt auf ein Fahrzeug und seine Ladung, wenn es eine Kurve durchfährt.

Die Fliehkraft ist umso größer,

- je **enger** die durchfahrene **Kurve** ist,
- je **höher** die **Geschwindigkeit** des Tankfahrzeugs ist und
- je **größer** die **Masse** ist.

Achtung: Doppelte Geschwindigkeit bedeutet vierfache Fliehkraft!

Infolge der Querbeschleunigung durch die Kurvenfahrt wird der Tankinhalt „nach außen" gedrückt. Der Schwerpunkt verlagert sich dadurch in Richtung Kurvenaußenseite, und die resultierend wirkende Kraft nähert sich der Kippkante. Überschreitet die resultierende Kraft die Kippkante, kippt das Fahrzeug um. Verstärkende Faktoren für das Umkip-

pen sind in erster Linie eine (für die Kurve) zu hohe Geschwindigkeit, ein hoher Schwerpunkt, ein enger Kurvenradius und eine griffige Fahrbahn.

Weitere Details und Verhaltensregeln zu diesem Thema können bei Tankwagen-Fahrsicherheitstrainings erfahren und erlernt werden.

Der Mythos, dass halbvolle Tankwagen schneller kippen als vollständig beladene Tankfahrzeuge, ist falsch! Lediglich die sich bewegende Ladung vermittelt das Gefühl, das halbvolle Fahrzeug würde schneller kippen.

Aber Achtung: Es besteht nur ein sehr geringer Geschwindigkeitsunterschied zwischen vollem und halbvollem Tankwagen, der zum Umkippen führen kann.

Hinweis: Die Federung und der Schwall haben bei modernen Tankkraftwagen keinen bzw. nur geringen Einfluss auf das Kippen.

In **Doppelkurven** (S-Kurven) bewegt sich die Flüssigkeit zunächst zu der einen Seite und dann zu der anderen. Durch das **Hin- und Herschwappen** der Flüssigkeit in einem halbvollen Tank kann es zum **Aufschaukeln** der Ladung kommen. Passen Sie stets die Geschwindigkeit so an, dass es nicht zu diesen Situationen kommen kann.

Manchmal macht sich das Aufschaukeln erst nach Verlassen der Kurve (z.B. Ausfahrt aus Kreisverkehr) bemerkbar, so dass die Kippgrenze erst überschritten wird, wenn sich das Fahrzeug schon wieder auf gerader Strecke bewegt.

Die Wirkung des **Längsschwalls** wird dadurch gemindert, dass man die Tanks in einzelne Tankkammern oder Tankabteile unterteilt.

Die Schwallwirkung wird zusätzlich durch den Einbau von Schwallwänden in den einzelnen Tankabteilen verringert (*siehe hierzu auch Kapitel 4.8.6*).

In den unterteilten Tanks kann sich die Flüssigkeit beim Bremsen oder Beschleunigen immer nur bis zur nächsten Kammertrennwand oder Schwallwand verlagern.

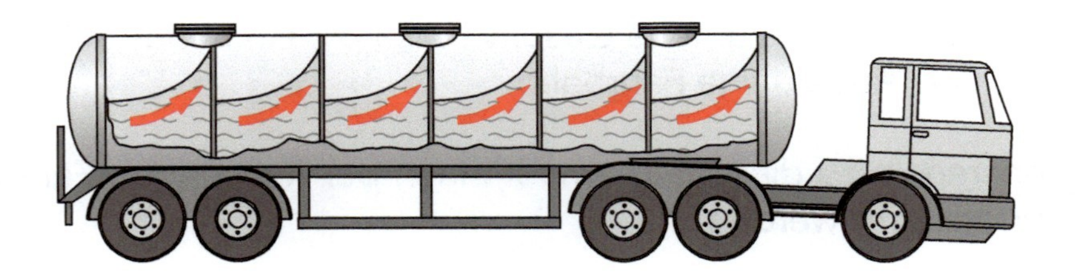

Längsschwall beim Bremsen

Die Unterteilung in einzelne Tankkammern bringt noch weitere Vorteile:

Die einzelnen Tankkammern können entweder voll oder leer sein, obwohl der Gesamttank z.B. halb voll ist. Damit werden dann auch der Querschwall und der Längsschwall reduziert.

Wenn nicht alle Tankkammern gefüllt sind, können jedoch andere Probleme auftreten:

Bei **ungünstiger Lastverteilung** kann es passieren, dass entweder die Antriebsachse oder die Lenkachse nicht ausreichend belastet oder überlastet ist. Wenn die Antriebsachse zu wenig belastet ist, besteht die Gefahr, dass die Antriebsräder durchdrehen; ist die Lenkachse unzureichend belastet, so kann das Fahrzeug u.U. nicht mehr ausreichend gelenkt werden.

Zu wenig belastete Räder können auch weniger **Bremskräfte** auf die Straße übertragen.

Ein Patentrezept für die richtige **Reihenfolge beim Entladen** gibt es nicht.

Es ist jedoch wichtig, einige Punkte zu beachten:

- Die Gefahr, dass das Fahrzeugheck in Kurven schleudert, ist groß, wenn der Schwerpunkt weit hinten liegt.
- Wenn bei Tankmotorwagen nur die hinteren Tankkammern beladen sind, fehlt an der Vorderachse die nötige Achslast, um das Fahrzeug noch sicher lenken zu können.
- Wenn nur die vorderen Kammern beladen sind, kann die Antriebskraft an der Hinterachse nicht optimal übertragen werden.

Bei Sattelkraftfahrzeugen muss immer eine Mindestlast auf die Sattelplatte wirken.

Daher ist es sinnvoll, die Entladung „von hinten“ „nach vorne“ durchzuführen (*siehe Seite 107*).

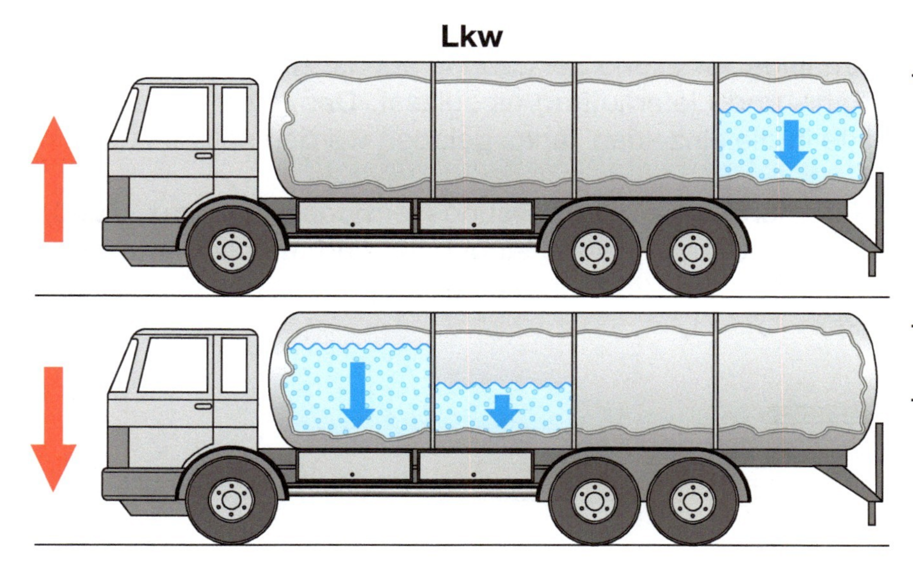

- Entlastung der Lenkachse

- Mögliche Überlastung der Lenkachse
- Entlastung der Antriebsräder

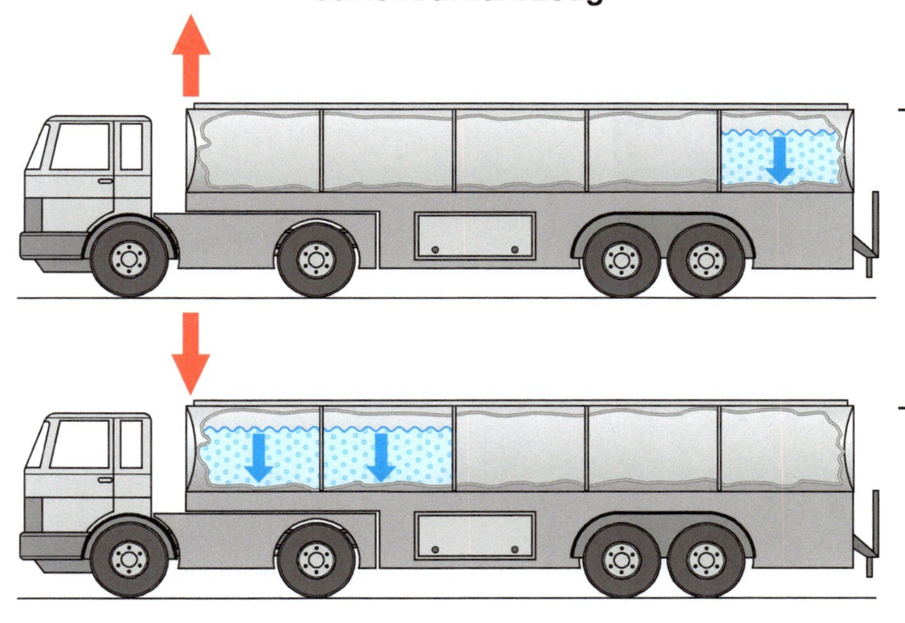

- Entlastung der Antriebsachse an der Zugmaschine

- Mögliche Überlastung der Antriebsachse

Die Reihenfolge, in der Tankabteile zu entladen sind, ist ferner abhängig

- vom Straßenzustand (Schnee, Regen),
- von der Fahrzeugart (Lkw, Gliederzug, Sattelkraftfahrzeug),
- von der Anzahl der Achsen,
- von der Anzahl der Tankabteile,
- von der Tankgröße.

Um beim Entladen die richtige Reihenfolge einhalten zu können, muss schon beim Befüllen des Tanks auf die zweckmäßige Verteilung der Ladung auf die einzelnen Kammern geachtet werden, wenn der Fahr- und Lieferauftrag es zulässt. Das gilt insbesondere, wenn unterschiedliche Produkte in die einzelnen Tanks geladen werden sollen.

Tanks, die nicht in einzelne Kammern mit einem Fassungsvermögen von max. 7500 l unterteilt sind und in die auch keine Schwallwände eingebaut sind, müssen **immer** zu mindestens 80 % oder dürfen zu höchstens 20 % ihres Fassungsvermögens gefüllt sein (gilt nicht für Saug-Druck-Tanks).

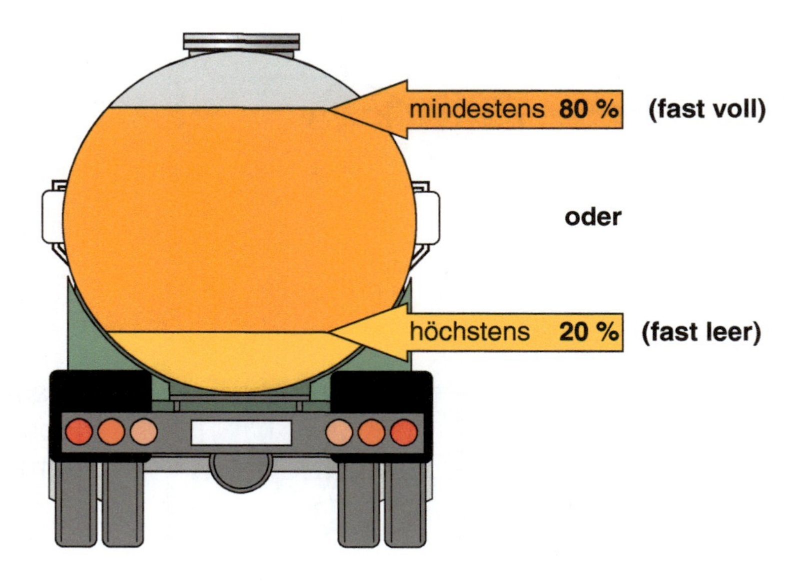

Die Gefahr des Umkippens ist bei beladenen Tankwagen immer am größten. Gemäß den Vorgaben des ADR haben Tankwagen eine maximale Füllgrenze, die in Abhängigkeit von den Produkteigenschaften zu berechnen ist. Als Richtwert bei Kraftstoffen sind dies ca. 95 %. Neben den Füllgrenzen sind zusätzlich immer die Achslasten und das zulässige Gesamtgewicht zu beachten.

Zeichnen Sie ein, in welche Richtung die Fliehkraft wirkt, wenn das Fahrzeug die Kurve durchfährt.

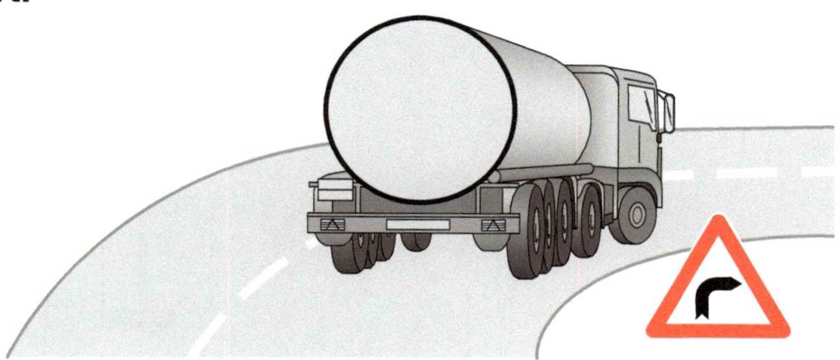

Zeichnen Sie in den drei Fahrzeugen ein, wie sich die Flüssigkeit bei den unterschiedlichen Beladungszuständen in einer Rechtskurve verlagert.

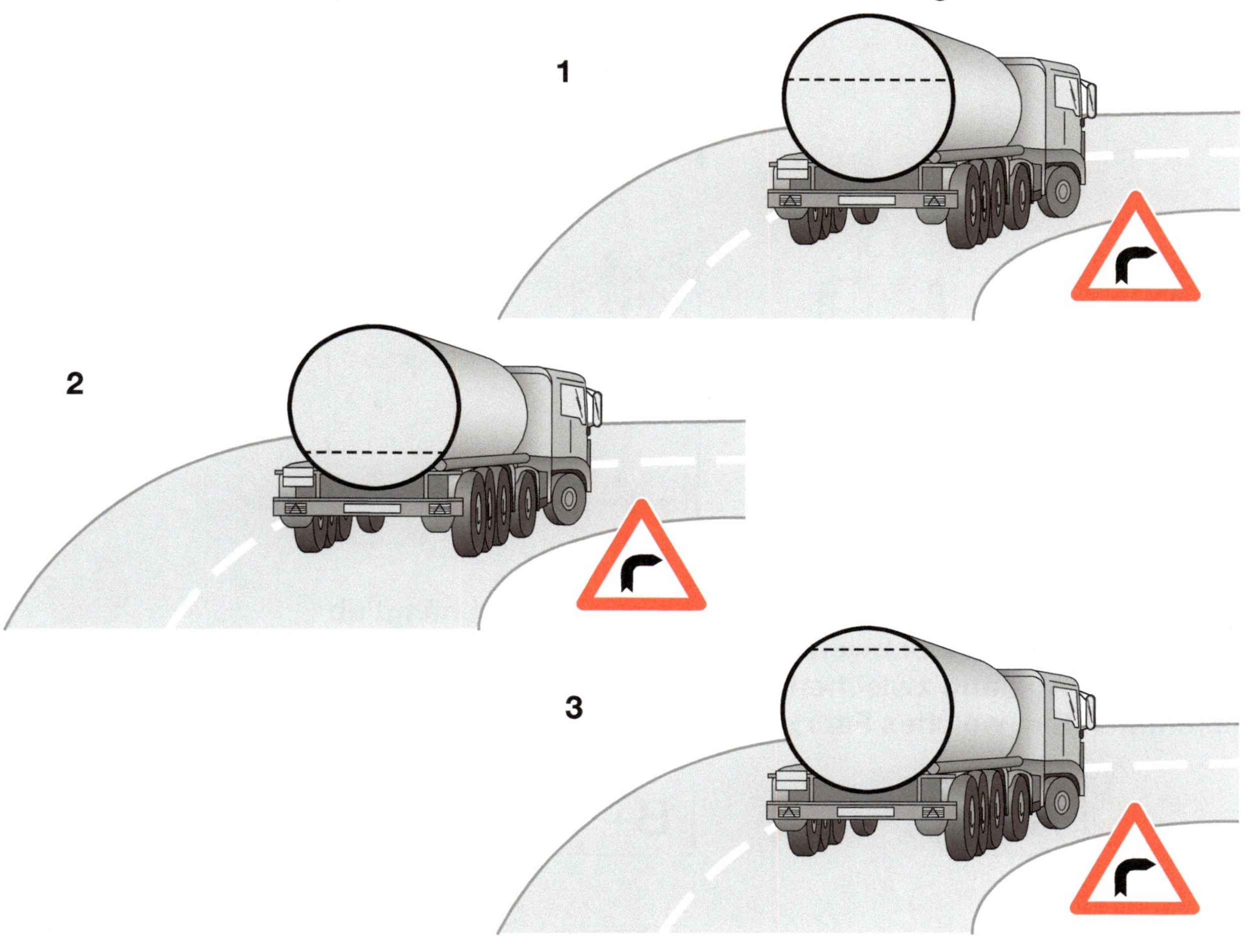

Bei welchem der drei Beladungszustände wirkt sich der Querschwall am ungünstigsten auf das Fahrverhalten des Tankfahrzeugs aus?

- ❏ Beladungszustand 1
- ❏ Beladungszustand 2
- ❏ Beladungszustand 3

Die Kippkante ist diejenige Kante, über die ein Körper kippen kann. Zeichnen Sie bei folgenden Fahrzeugen die Kippkante ein.

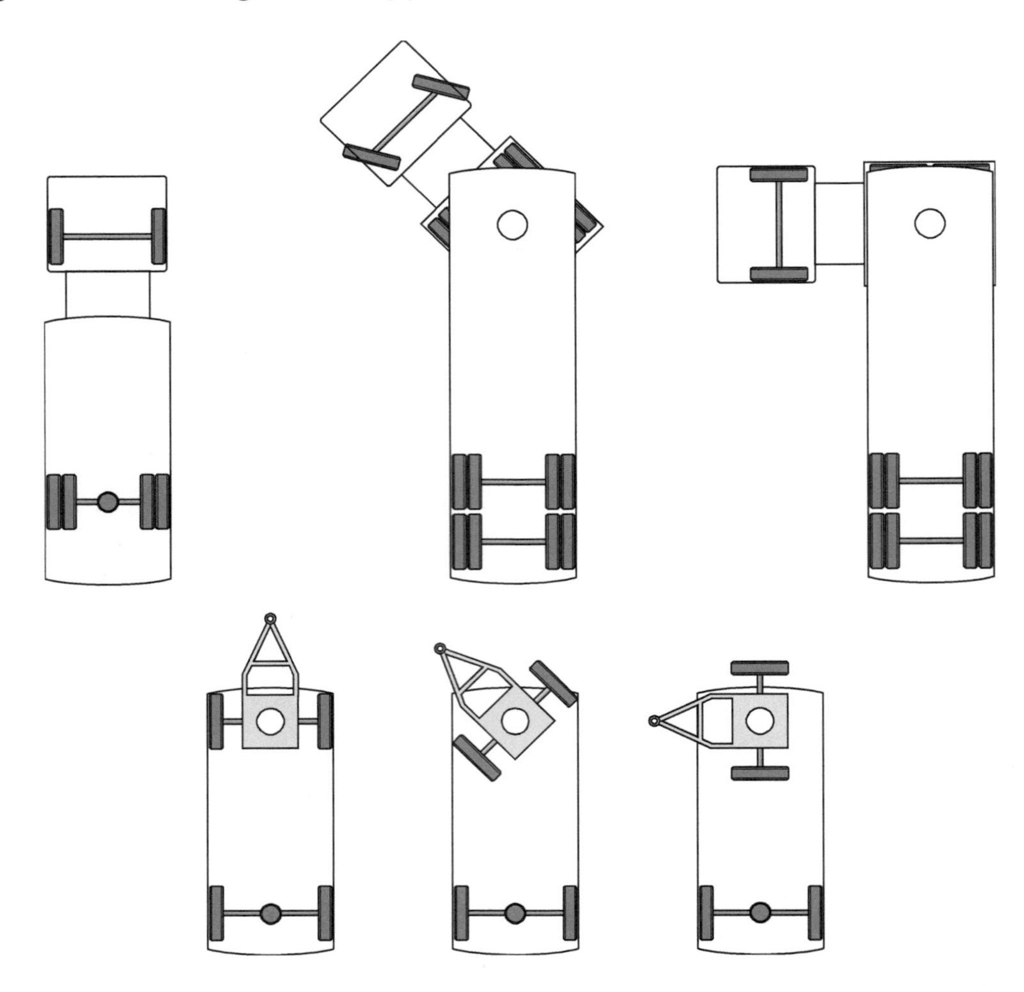

Die Kippsicherheit eines Fahrzeugs bei Kurvenfahrt hängt ab
1. **von der Höhe des Schwerpunktes und**
2. **von dem Abstand zwischen Kippkante und Schwerpunkt.**

Bestimmen Sie, welches Fahrzeug die beste, zweitbeste, ... Kippsicherheit hat.

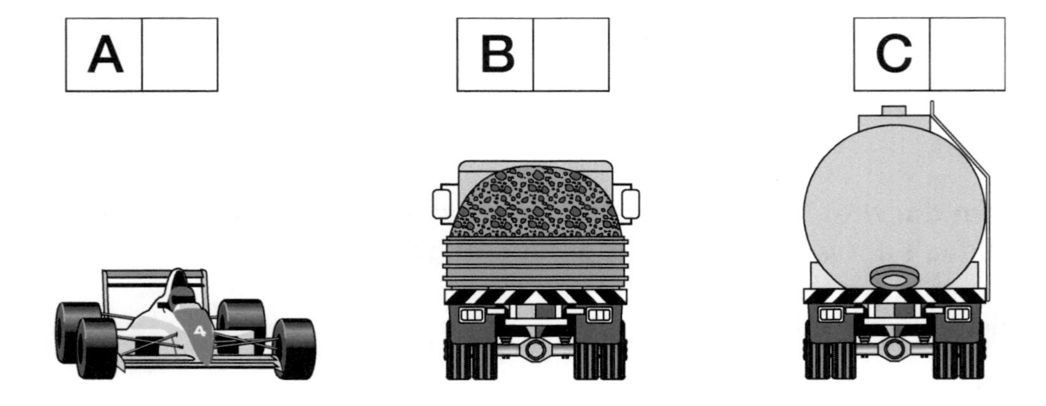

6.5 Fürs Gedächtnis

! Vor Fahrtbeginn ist eine **Abfahrtkontrolle** durchzuführen.

! Bei der **Befüllung** des Tanks **von unten** werden keine Produktdämpfe freigesetzt.

! Beim **Gaspendeln** sind zwischen Lagertank und Fahrzeugtank Verbindungsleitungen für das Produkt und für die Dampfrückführung angeschlossen.

! Elektrostatische Aufladung kann Zündfunken hervorrufen. **Erdung** bzw. Potentialausgleich schaffen Abhilfe!

! Beim Befüllen von Fahrzeugtanks muss der **zulässige Füllungsgrad** eingehalten werden.

! Die **Schwallwirkung** ist bei teilbeladenem Tank am größten.

! **Füllungsgrad** höchstens 20 % oder mindestens 80 % bei bestimmten Tanks.

! **Max. Füllungsgrad** 85 % bei unbekannten Angaben bzw. weniger gemäß Sondervorschrift.

! Beim Befüllen des Tanks ist auf eine **gute Lastverteilung** und geringe Schwallwirkung zu achten. Dies gilt besonders, wenn der Tank im Verteilerverkehr nach und nach entleert wird.

! Kriterien, die das **Kippen eines Fahrzeugs** begünstigen: zu hohe Kurvengeschwindigkeit, enger Kurvenradius, griffige Fahrbahn, hoher Schwerpunkt, „Schwerpunktwanderung“ nach außen.

! Füllgutreste **entfernen**.

! **Probe** erst 5 Minuten nach Füllende nehmen.

! **Füllvorgang** immer **beobachten** und den Bereich nicht verlassen.

! Wurde ein Tank **mit Druckluft entleert**, so darf der Domdeckel erst geöffnet werden, wenn der Tank drucklos ist bzw. entlüftet wurde.

! Abgabe von Produkten an Empfängertanks nur mit **Überfüllsicherung**, z.B. Grenzwertgeber, bei Mineralölprodukten.

! Füllvorgänge bei **Gewitter** unterbrechen.

! Ausgelegte **Schläuche** und Arbeitsbereiche im öffentlich zugänglichen Verkehrsraum mit Warnkegeln **sichern**.

6.6 Kontrollfragen

1. Wann besteht die größte Gefahr, dass ein Tankfahrzeug umkippt?

- ❏ A Bei zu hoher Schwerpunktlage des Tankaufbaus
- ❏ B Bei zu hoher Geschwindigkeit in einer Kurve
- ❏ C Wenn Fliehkräfte bei Kurvenfahrt entstehen
- ❏ D Beim plötzlichen Bremsen (6.4)

2. Was kann der Tankwagenfahrer tun, um die Schwallwirkung klein zu halten?

- ❏ A Vor Fahrtbeginn durch Öffnen aller Bodenventile das Füllniveau ausgleichen
- ❏ B Grundsätzlich nicht schneller als 50 km/h fahren
- ❏ C Auf günstige Ladungsverteilung achten
- ❏ D Mit offenen Domdeckeln fahren (6.4)

3. Sie durchfahren eine Autobahnabfahrt. Womit müssen Sie rechnen?

- ❏ A Die Ladung steht so stabil, ich muss mir keine Sorgen machen.
- ❏ B Durch das Betätigen der Bremsen und die bevorstehende Rechtskurve muss ich damit rechnen, dass sich nicht ausreichend gesicherte Ladungsteile nach vorne und zur Kurvenaußenseite bewegen.
- ❏ C Durch das Betätigen der Bremsen und die bevorstehende Rechtskurve muss ich damit rechnen, dass sich nicht ausreichend gesicherte Ladungsteile nach vorne und zur Kurveninnenseite bewegen.
- ❏ D Die Ladung wird durch die Trägheitskraft nach hinten verschoben. (6.4)

4. Das Zeichen ⏚ kennzeichnet ...

- ❏ A den Prüfanschluss der Feststellbremse
- ❏ B die Funkentstörung des Radiogerätes
- ❏ C den Erdungsanschluss
- ❏ D den Anschluss für die Gaspendelleitung (6.2.1.4, 6.3.1)

5. Was versteht man unter dem Gaspendelverfahren?

❑ A Das Umfüllen im geschlossenen System

❑ B Ein besonderes Verfahren zur Herstellung von Gasen (Klasse 2)

❑ C Eine Antriebsart für sehr genaue Uhren

❑ D Die Obenbefüllung von Tanks (6.2.2.2.4)

6. Weshalb dürfen Tanks nicht vollständig gefüllt werden?

❑ A Bei vollem Tank ist das zulässige Gesamtgewicht des Tanks in der Regel überschritten

❑ B Um Überfüllungen bei Unvorsichtigkeit zu vermeiden

❑ C Damit der Tankinhalt nicht austritt, wenn er sich zum Beispiel aufgrund von Erwärmung ausdehnt

❑ D Um das Kippventil nicht zu verunreinigen (6.3.2)

7. Welche der beiden Absperreinrichtungen an einem Tank muss zuerst geschlossen werden?

❑ A Die innere Absperreinrichtung

❑ B Die äußere Absperreinrichtung

❑ C Die vordere Absperreinrichtung

❑ D Der Batterietrennschalter (6.2.2.2)

8. Weshalb müssen Fahrzeugtanks vor dem Be- und Entladen geerdet werden?

❑ A Um unbeabsichtigtes Wegrollen des Fahrzeugs zu verhindern

❑ B Zum Schutz vor Blitzschlag

❑ C Zum Schutz der Fahrzeugelektrik

❑ D Zur Vermeidung elektrostatischer Aufladung (6.3.1)

9. **Weshalb müssen Fahrzeugtanks bei der Befüllung von oben zunächst mit gedrosseltem Füllstrom befüllt werden?**

❏ A Um das Gaspendeln zu sparen

❏ B Zur Schonung der Bodenventile

❏ C Damit die Schwallbleche und die Kammertrennwände nicht übermäßig belastet werden

❏ D Um die Dampfbildung und die elektrostatische Aufladung infolge Spritzens möglichst gering zu halten (6.2.1.1.1)

10. **Was soll der Fahrzeugführer während des Entladens tun?**

❏ A Er soll die Zeit als Ruhezeit (EG-Kontrollgerät/Digi-Tacho) nutzen.

❏ B Er muss den Umfüllvorgang beobachten.

❏ C Er soll Fahrzeugpflege betreiben.

❏ D Das liegt im Ermessen des Fahrzeugführers. Hauptsache, die Zeit wird sinnvoll genutzt. (6.2)

11. **Weshalb dürfen Heizöl, leicht und Benzin in unterschiedlichen Kammern in einem Tankfahrzeug nicht gleichzeitig befördert werden?**

❏ A Um gefährliche Vermischungen im Benzinlagertank möglichst auszuschließen

❏ B Aus steuerrechtlichen Gründen (Zoll)

❏ C Weil das zulässige Gesamtgewicht bei Mischladung reduziert werden muss

❏ D Um gefährliche Vermischungen im Heizöllagertank möglichst auszuschließen (6.2.1.1.1)

12. **Worauf muss der Fahrzeugführer nach dem Befüllvorgang des Fahrzeugs achten?**

❏ A Um eine ausreichende Belüftung sicherzustellen, müssen die Domdeckel noch mindestens 5 Minuten geöffnet bleiben.

❏ B Das EG-Kontrollgerät muss eingeschaltet werden.

❏ C Unmittelbar nach dem Befüllen muss das Fahrzeug ca. 5 Minuten stehen bleiben, damit sich die Ladung „beruhigen“ kann.

❏ D An der Tankoberfläche dürfen keine gefährlichen Füllgutreste haften. (6.2)

13. **Bis zu wieviel % dürfen Sie ein Tankfahrzeug maximal mit flüssigen Gefahrgütern befüllen, wenn der Befüller den höchstzulässigen Füllungsgrad nicht angeben kann?**

- ❑ A 20 %, denn sicher ist sicher.
- ❑ B Immer nur zu 80 %.
- ❑ C 85 %, falls nicht weniger vorgeschrieben ist.
- ❑ D 100 %, um wirtschaftlich zu fahren. (6.3.2)

14. **Was muss der Entlader im innerstaatlichen Verkehr lt. GGVSEB tun?**

- ❑ A Den Fahrer erstmalig in die Entleerungseinrichtung einweisen
- ❑ B Nach dem Entleeren das Licht ausschalten
- ❑ C Die Lieferung bar bezahlen
- ❑ D Sich den Führerschein des Fahrers zeigen lassen (6.2)

15. **Bei welchen Gütern muss eine Abfüllsicherung benutzt werden, wenn sie in einen Lagertank gefüllt werden?**

- ❑ A Bei allen Gütern
- ❑ B Nur bei brennbaren Gütern
- ❑ C Bei den entzündbaren Gütern der Klasse 3
- ❑ D Nur bei Heizöl, leicht, Dieselkraftstoff und Benzin (6.2.2.2.1)

16. **Wozu dient die Abfüllsicherung eines Tankfahrzeugs?**

- ❑ A Sie stellt automatisch die vom Kunden bestellte Füllmenge ein.
- ❑ B Sie dient der Temperaturkompensation.
- ❑ C Sie verhindert das Überfüllen des zu befüllenden Lagertanks.
- ❑ D Sie stellt sicher, dass der Fahrzeugmotor während des Abfüllvorgangs nicht läuft. (6.2.2.2.2)

17. **Wodurch werden Umweltverunreinigungen beim Entladen von Diesel, Heizöl, leicht und Ottokraftstoff verhindert?**

- ❑ A Durch Kennzeichnung der Abfülleinrichtung mit Hinweisen
- ❑ B Durch Verwenden einer Abfüllsicherung
- ❑ C Durch elektropneumatische Domdeckel
- ❑ D Durch Gullyabdeckungen (6.2.2.2.2)

18. **Bei welchen Gefahrgütern gehört zur Schutzausrüstung u.a. eine besondere Notfallfluchtmaske?**

- ❑ A Bei entzündend wirkenden Gasen
- ❑ B Bei ätzenden Gasen mit Gefahrzettel Nr. 8
- ❑ C Bei Gütern mit Gefahrzetteln Nr. 2.3 oder 6.1
- ❑ D Bei allen Gasen, die in Tanks befördert werden (6.1.1)

7 Pflichten und Verantwortlichkeiten, Sanktionen

7.1 Am Gefahrguttransport beteiligte Personen

In GGVSEB/ADR werden unter anderem folgende am Transport Beteiligte genannt:

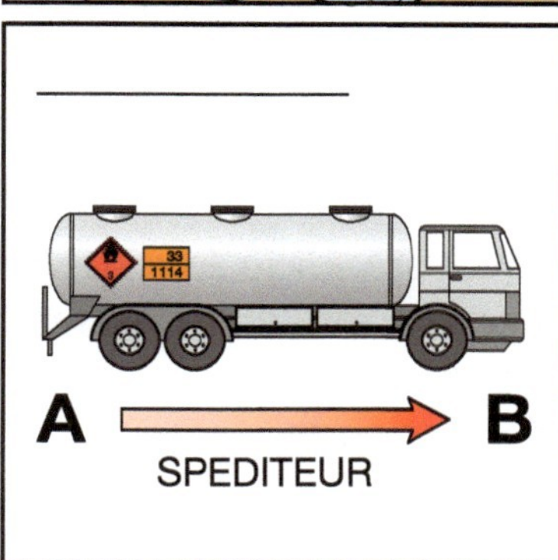

Achtung! Stellt der Spediteur selbst den Beförderungsvertrag aus, so ist er Absender und Beförderer. Befördert eine Firma im Werkverkehr, so ist sie ebenfalls Beförderer, Absender und unter Umständen auch noch Befüller und Empfänger.

Merke

Jeder der Genannten hat besondere Aufgaben und Zuständigkeiten, aber auch allgemeine Sicherheitspflichten. Bei Nichtbeachtung der Vorschriften drohen Strafen.

7.1.1 Verlader

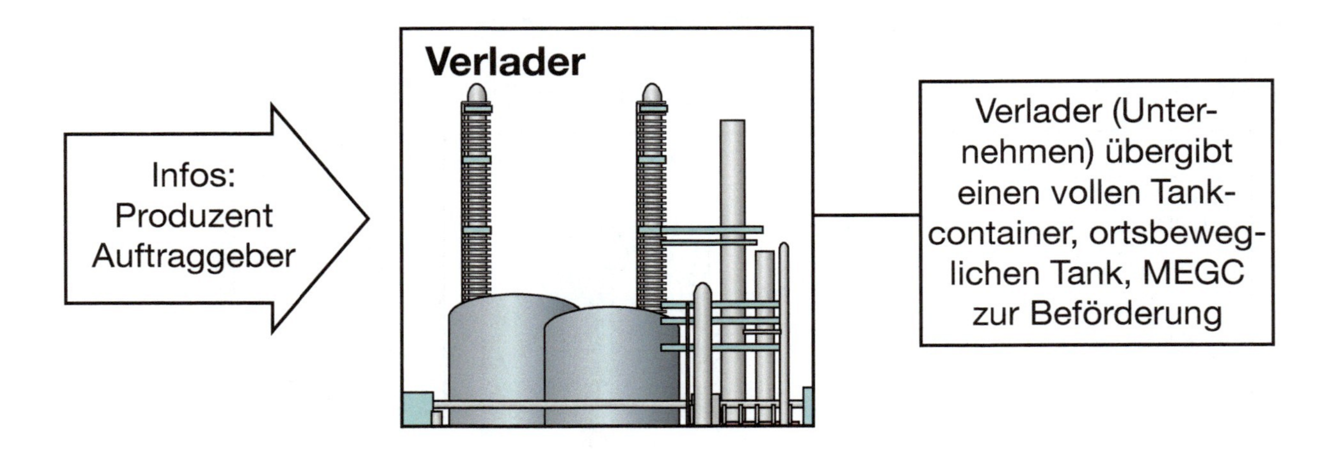

Besondere Pflichten bei Tankbeförderungen

Der Verlader ...

- muss den Fahrzeugführer **auf das Gefahrgut hinweisen** (vollständige Angaben),
- muss den Fahrzeugführer bei besonders gefährlichen Gütern schriftlich oder nachweisbar elektronisch **auf §§ 35 und 35a GGVSEB hinweisen**,
- darf **nur zugelassene** gefährliche Güter zur Beförderung übergeben,
- hat dafür zu sorgen, dass die Vorschriften über Trägerfahrzeuge von Tankcontainern, ortsbeweglichen Tanks, MEGC eingehalten werden **(Zulässigkeit der Beförderung in Tanks),**
- muss dafür sorgen, dass die Vorschriften über **Großzettel und Kennzeichen** beachtet werden,
- hat dafür zu sorgen, dass bei Tankcontainern und MEGC die Vorschriften zum Stoß- und Überrollschutz beachtet werden.

Weitere Pflichten des Verladers siehe §§ 21, 27, 29 GGVSEB

Zusätzlich
allgemeine Sicherheitspflichten

7.1.2 Befüller

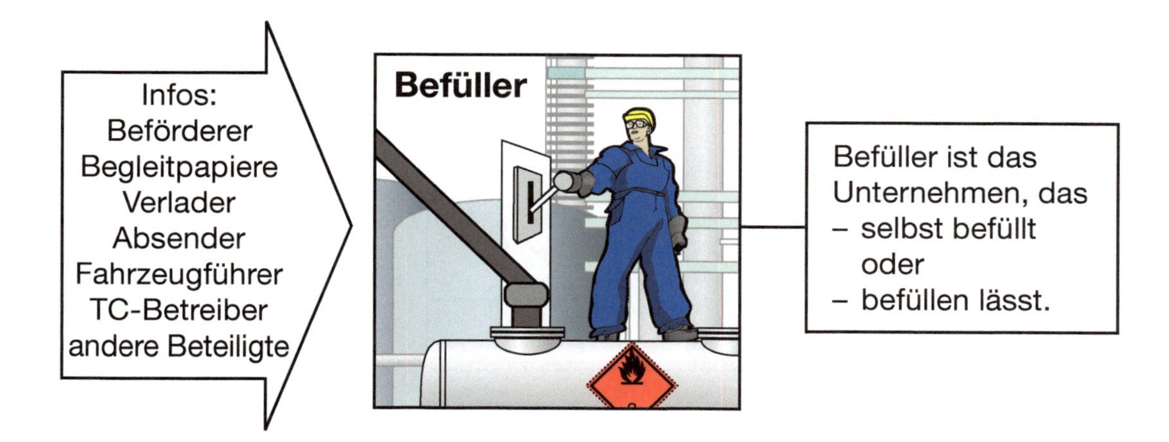

Besondere Pflichten bei Tankbeförderungen
Der Befüller von Tanks (Tankcontainern, MEGC, Batterie-Fahrzeugen, ortsbeweglichen Tanks, Aufsetztanks) muss ... – sicherstellen, dass **nur zugelassene Güter** zur Beförderung übergeben werden, – **Füllungsgrad** einhalten, – **Zulässigkeit** der Tanks prüfen, – **Dichtheit** der Verschlusseinrichtung prüfen, – **Datum** der nächsten Prüfung bei TC, Tanks, Batterie-Fahrzeugen, MEGC prüfen, – Gültigkeit der **ADR-Zulassungsbescheinigung** prüfen, – sicherstellen, dass **keine Füllgutreste** anhaften, – sicherstellen, dass Stoffe, die **gefährlich** miteinander **reagieren** können, nicht in nebeneinanderliegende Tankabteile gefüllt werden, – dafür sorgen, dass bei wechselweiser Verwendung **Entleerungs-, Reinigungs- und Entgasungsmaßnahmen** durchgeführt werden, – dafür sorgen, dass **Großzettel (Placards), orangefarbene Tafeln und Kennzeichen** angebracht werden, – **Rauchverbot** beachten, – Fahrzeugführer **einweisen** und auf das Gefahrgut und §§ 35 und 35a GGVSEB hinweisen, – dem Fahrzeugführer die **Nummern zur Kennzeichnung der Gefahr** für die orangefarbenen Tafeln mitteilen, – **Betriebsvorschriften** für tragbare Beleuchtungsgeräte, für Verbrennungsheizgeräte und zur Vermeidung elektrostatischer Aufladung beachten, – darf Tank nur befüllen, wenn Tank und Ausrüstungsteile **technisch einwandfrei** sind. *Weitere Pflichten des Befüllers siehe §§ 23 und 27 GGVSEB sowie z.B. 7.4 und 7.5 ADR.* **Zusätzlich** **allgemeine Sicherheitspflichten**

7.1.3 Empfänger

Pflichten
Der Empfänger … – muss Gefahrgüter **ohne Verzögerung** annehmen, – darf Annahme ohne zwingenden Grund **nicht verweigern**, – muss nach Entladen prüfen, dass die ihn **betreffenden ADR-Vorschriften eingehalten** worden sind, – darf, wenn diese Prüfung bei einem Container einen Verstoß gegen ADR-Vorschriften aufzeigt, den Container erst **nach Behebung des Verstoßes** zurückstellen. *Weitere Pflichten des Empfängers siehe §§ 20, 27, 29 GGVSEB* **Zusätzlich** **allgemeine Sicherheitspflichten**

7.1.4 Entlader

Pflichten

Der Entlader ...

- hat sich durch **Vergleich der Informationen** im Beförderungspapier und auf dem Tank, MEMU, MEGC zu **vergewissern**, dass die richtigen Güter ausgeladen werden,
- hat vor und während der Entladung zu **prüfen**, ob der Tank oder das Fahrzeug so stark beschädigt ist, dass eine **Gefahr für den Entladevorgang** entsteht,
- hat unmittelbar nach der Entladung gefährliche **Rückstände zu entfernen** und den **Verschluss der Ventile** und Besichtigungsöffnungen **sicherzustellen**,
- hat sicherzustellen, dass die vorgeschriebene **Reinigung und Entgiftung** vorgenommen wird,
- hat dafür zu sorgen, dass bei vollständig entladenen Fahrzeugen oder Beförderungsmitteln **Großzettel und Kennzeichen** nicht mehr sichtbar sind,
- hat dafür zu sorgen, dass der **Fahrzeugführer** vor der erstmaligen Verwendung in die Handhabung der Entleerungseinrichtung **eingewiesen** wird (innerstaatlich).

Nimmt der Entlader die Dienste **anderer Beteiligter** (Reiniger, Entgiftungseinrichtung) in Anspruch, hat er geeignete Maßnahmen zu ergreifen, um zu gewährleisten, dass den Vorschriften des ADR entsprochen wird.

Weitere Pflichten des Entladers siehe §§ 23a, 27, 29 GGVSEB

Zusätzlich
allgemeine Sicherheitspflichten

7.1.5 Fahrzeugführer

Pflichten
Der Fahrzeugführer ...
– muss die **Begleitpapiere**, insbesondere seine gültige **ADR-Schulungsbescheinigung**, Lichtbildausweis*) und **ADR-Zulassungsbescheinigung** mitführen
– muss ggf. **Fahrwegbestimmung** beachten, mitführen und zuständigen Personen zur Prüfung aushändigen
– muss **orangefarbene Tafeln, Großzettel (Placards)** und **Kennzeichen „erwärmte Stoffe“, „umweltgefährdende Stoffe“** an Fahrzeugen und Aufsetztanks anbringen bzw. entfernen
– muss **Motor** beim Befüllen und Entleeren des Tanks **abstellen** (soweit er nicht für Pumpenantrieb benötigt wird)
– darf bei Ladearbeiten in der Nähe der Fahrzeuge und in Fahrzeugen **nicht rauchen** (auch keine E-Zigaretten)
– muss den maximalen **Füllungsgrad** einhalten
– muss beim Halten und Parken die **Feststellbremse** anziehen/Unterlegkeil bei Anhängern benutzen
– muss möglichst **sicheren Parkplatz** aussuchen und die **Überwachungsvorschriften** beim Parken einhalten
– muss bei Gefahr Maßnahmen laut **schriftlichen Weisungen** treffen
– darf bei der Gefahrgutbeförderung **keine unbefugten Personen mitnehmen**
– hat ggf. **Tunnelbeschränkungen** in Abhängigkeit vom transportierten Gut zu beachten, wenn Tunnel entsprechend beschildert sind
– muss **Zusammenladeverbote** beachten

*) *In D. gilt gemäß RSEB auch die ADR-Schulungsbescheinigung in Kartenform als Lichtbildausweis.*

Pflichten
– darf Fahrzeug nicht mit **Beleuchtungsgeräten** mit offener Flamme oder mit funkenerzeugender Oberfläche betreten
– muss dafür sorgen, dass bei Beförderungseinheiten mit ABS die elektrischen **Anschlussverbindungen** zum Anhänger während der Fahrt **nicht unterbrochen** werden
– muss die **zuständige Behörde (Polizei, Feuerwehr) informieren**, wenn bei Zwischenfällen Gefahr nicht rasch beseitigt werden kann
– darf nur **beladen**, wenn Fahrzeug und Begleitpapiere vorschriftsmäßig sind
– darf nur **entladen**, wenn eine sichere Entladung möglich ist
– muss den Transport **anhalten**, wenn die Sicherheit unterwegs nicht gewährleistet ist
– muss **Verbindungsleitungen** und Füll- und Entleerrohre vor Beförderungsbeginn entleeren bzw. dafür sorgen, dass diese während der Beförderung entleert sind
– muss **Dichtheit** der Verschlusseinrichtungen **prüfen** und gefährliche **Füllgutreste beseitigen**
– muss Vorsichtsmaßnahmen bei **Nahrungs-, Genuss- und Futtermitteln** beachten
– muss bei entzündbaren Flüssigkeiten oder Gasen **Vorschriften** über Beleuchtungsgeräte, Verbrennungsheizgeräte und Vermeidung von elektrostatischer Aufladung **beachten**
– muss geprüfte/gültige Feuerlöschgeräte und andere **Ausrüstung** gemäß schriftlichen Weisungen **mitführen**
– darf **keine berauschenden Mittel** zu sich nehmen
Weitere Pflichten des Fahrzeugführers siehe §§ 27, 28 und 29 GGVSEB sowie z.B. 8.3 ADR
Zusätzlich **allgemeine Sicherheitspflichten**

7.1.6 Weitere Verantwortliche

Beim Transport gefährlicher Güter gibt es noch eine Reihe weiterer Verantwortlicher, die für bestimmte Tätigkeiten benannt werden. So hat der **Betreiber von Tankcontainern/ortsbeweglichen Tanks** dafür zu sorgen, dass auch zwischen den Prüfterminen die Tankcontainer den Bau-, Ausrüstungs- und Kennzeichnungsvorschriften entsprechen.

Der **Absender** muss u.a. dafür sorgen, dass für die Beförderung der betreffenden Güter nur Tanks, Aufsetztanks, Batterie-Fahrzeuge usw. verwendet werden, die dafür zugelassen und geeignet und mit den vorgeschriebenen Kennzeichen versehen sind.

Der **Beförderer** hat z.B. dafür zu sorgen, dass ein gefährliches Gut nur in Tanks befördert werden darf, wenn in Spalte 10 oder 12 des Gefahrgut-Verzeichnisses in 3.2 ADR eine Tankcodierung angegeben ist.

Weitere Pflichten des Beförderers (siehe auch § 19 GGVSEB):

- für Ausrüstung mit geeigneten Feuerlöschern und deren Prüfung sorgen,
- für Ausrüstung mit Großzetteln, orangefarbenen Tafeln, Kennzeichen „erwärmte Stoffe“ und „umweltgefährdender Stoff“ sorgen,
- nur zugelassene Fahrzeuge und Fahrer mit gültiger ADR-Schulungsbescheinigung einsetzen,
- nur Tanks mit vorgeschriebener Tankwanddicke verwenden,
- schriftliche Weisungen vor Fahrtantritt bereitstellen, für weitere Begleitpapiere sorgen,
- für Führung, Aufbewahrung und Vorlage der Tankakte sorgen,
- für Erneuerung der ADR-Zulassungsbescheinigung sorgen,
- für Einhaltung der Bau-, Ausrüstungs- und Kennzeichnungsvorschriften (auch zwischen den Prüfterminen) sorgen,
- Unterweisung zu Sicherung.

Absender und Beförderer müssen eine Kopie des Beförderungspapiers und anderer Dokumente mind. 3 Monate aufbewahren.

Merke

Jeder Beteiligte hat allgemeine Sicherheitspflichten, wie z.B.
- ✔ Rauchverbot beim Be- und Entladen
- ✔ Verbot von Feuer und offenem Licht bei Ladearbeiten, in der Nähe von Fahrzeugen und in den Fahrzeugen
- ✔ Tragen der vorgeschriebenen persönlichen Schutzausrüstung
- ✔ Einhaltung von Anweisungen und Sicherheitshinweisen
- ✔ Einweisung auf das Fahrzeug und die Eigenschaften des zu transportierenden Produkts

7.2 Fürs Gedächtnis

! An Gefahrguttransporten können folgende **Personen beteiligt** sein:

- Auftraggeber des Absenders
- Absender
- Verlader
- Beförderer
- Fahrzeugführer
- Empfänger
- Befüller
- Entlader

! Den einzelnen Personen obliegen **Pflichten** nach GGVSEB.
Bei Pflichtverletzung drohen empfindliche Bußgelder.

! Der **Fahrzeugführer** hat insbesondere **Pflichten**, die sich beziehen auf:

- Vollständigkeit und Funktionsfähigkeit der Ausrüstung
- Begleitpapiere
- Kennzeichnung
- Rauchverbot/Verbot von berauschenden Mitteln
- Halten und Parken
- Vorschriftsmäßigkeit des Fahrzeugs
- Fahrwegbestimmung

! **Unklarheiten** möglichst **vor Beförderungsbeginn klären**. Dabei können z.B. helfen:

- Vorgesetzte
- Befüller
- Lademeister
- Disponenten
- Auftraggeber
- Gefahrgutbeauftragter

! Festgestellte **Mängel sofort** bei zuständigen Stellen im Betrieb **melden**.

7.3 Kontrollfragen

1. Wer muss die orangefarbenen Tafeln an einem Trägerfahrzeug für Tankcontainer anbringen bzw. dafür sorgen, dass diese angebracht sind?

❑ A Absender
❑ B Fahrzeugführer
❑ C Verlader
❑ D Befüller (7.1.5)

2. Wer muss für die Anbringung der orangefarbenen Tafeln an einem Tankcontainer sorgen?

❑ A Absender
❑ B Befüller
❑ C Fahrzeugführer
❑ D Verlader (7.1.2)

3. Wer muss die Großzettel (Placards) an einem leeren gereinigten und entgasten Aufsetztank verdecken?

❑ A Absender
❑ B Empfänger
❑ C Fahrzeugführer
❑ D Verlader (7.1.5)

4. Wer muss der Polizei melden, wenn Gefahrgut in solchen Mengen frei wird, dass die Gefahr nicht rasch beseitigt werden kann?

❑ A Beförderer
❑ B Fahrzeugführer
❑ C Halter
❑ D Gefahrgutbeauftragter (7.1.5)

5. Wer muss für die Erneuerung der ADR-Zulassungsbescheinigung sorgen?

❑ A Befüller
❑ B Fahrzeugführer
❑ C Beförderer
❑ D Absender (7.1.6)

6. **Wer muss ein Tankfahrzeug mit orangefarbenen Tafeln ausrüsten?**

- ❑ A Der Beförderer
- ❑ B Der Befüller
- ❑ C Der Fahrzeugführer
- ❑ D Der Verlader

(7.1.6)

7. **Wer muss dafür sorgen, dass die Tankakte für festverbundene Tanks, Aufsetztanks und Batterie-Fahrzeuge aufbewahrt wird?**

- ❑ A Der Beförderer
- ❑ B Der Tankhersteller
- ❑ C Der Fahrzeugführer
- ❑ D Der Sachverständige

(7.1.6)

8. **Wer ist für das Verdecken oder Entfernen von Großzetteln (Placards) an leeren, gereinigten und entgasten Tankfahrzeugen verantwortlich?**

- ❑ A Der Beförderer
- ❑ B Der Auftraggeber des Absenders
- ❑ C Der Empfänger der Ware
- ❑ D Der Fahrzeugführer

(7.1.5)

9. **Wer ist für die Kennzeichnung des Tankcontainers verantwortlich?**

- ❑ A Fahrzeugführer
- ❑ B Befüller
- ❑ C Halter
- ❑ D Beförderer

(7.1.2)

10. **Wer ist für das Anbringen bzw. Sichtbarmachen und das Verdecken bzw. Entfernen der orangefarbenen Tafeln an Tankfahrzeugen verantwortlich?**

- ❑ A Der Halter
- ❑ B Der Beförderer
- ❑ C Der Fahrzeugführer
- ❑ D Der Verlader

(7.1.5)

8 Maßnahmen nach Unfällen und Zwischenfällen

8.1 Gefahren durch Tankfahrzeugunfälle

Die Auswirkungen bei Unfällen mit Gefahrguttankfahrzeugen sind aufgrund der größeren Gefahrgut-Mengen, die z.B. durch Lecks freigesetzt werden können, schwerer als bei Fahrzeugen mit Versandstücken. Letztendlich sind aber die Stoffeigenschaften im einzelnen zu betrachten, um Gefahrenvergleiche vornehmen zu können.

Relativ kleine Gefahr

Relativ große Gefahr

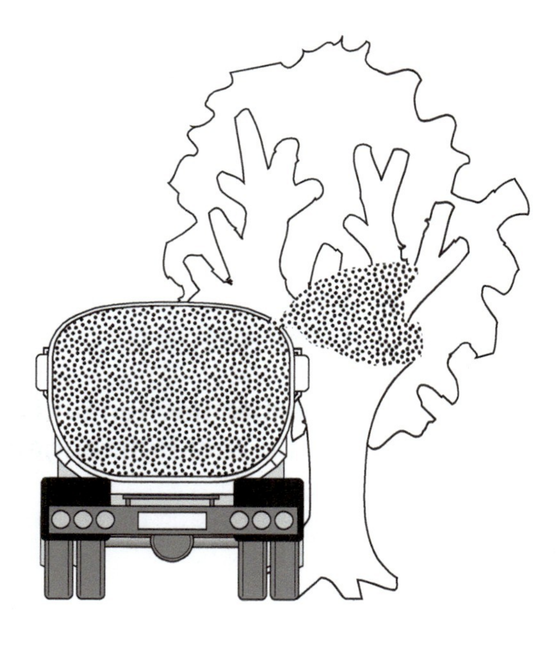

Tankfahrzeugunfall

Quelle: Branddirektion Stuttgart

Quelle: Branddirektion Stuttgart

Nach der Kollision zweier Tankfahrzeuge nahe Stuttgart, bei der 2 Personen verletzt wurden, trat aus einem Tank Butylacetat, aus dem anderen Ottokraftstoff aus, der sich auf der Fahrbahn und in der Kanalisation ausbreitete. Aus Sicherheitsgründen wurde ein Schaumteppich gelegt, die Ladungen beider Lkw wurden unter Schutzkleidung umgepumpt. Schwierige Spül- und Reinigungsarbeiten zur Beseitigung des zündfähigen Benzin-Luft-Gemischs aus der Kanalisation machten eine mehrstündige Vollsperrung beider Fahrtrichtungen der Autobahn und einen Großeinsatz von mehreren Berufs- und Freiwilligen Feuerwehren sowie des Rettungsdienstes erforderlich.

8.2 Leere Tanks

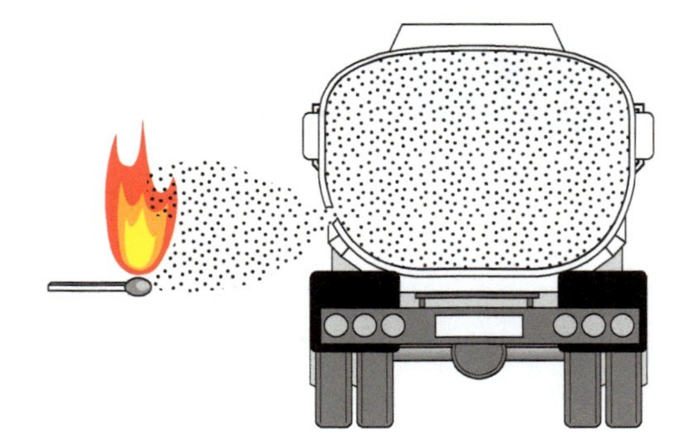

Besondere Gefahren gehen von Tanks aus, die leer und ungereinigt sind. Bei diesen Tanks besteht eine höhere **Explosionsgefahr** als bei vollen Tanks. In den Tanks kann sich ein brennbares Gas-Luft-Gemisch in einer Zusammensetzung befinden, die innerhalb der Explosionsgrenze liegt. Eine Zündquelle führt dann unmittelbar zur Explosion und zum Zerreißen des Tanks.

Merke

Bei Unfällen

- ✔ Fahrzeug stromlos schalten (Batterietrennschalter)
- ✔ Zündquellen fernhalten
- ✔ Tanks nicht öffnen
- ✔ An Eigenschutz denken
- ✔ Unfallstelle absichern
- ✔ Behörden (Polizei, Feuerwehr) alarmieren

8.3 Volle Tanks

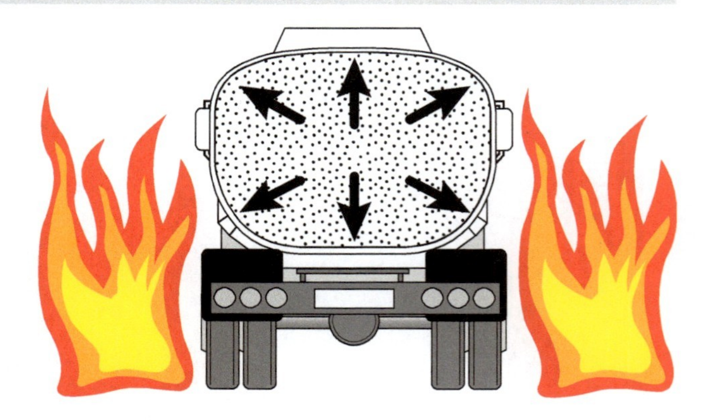

Auch bei dichten Tanks kann Wärme (Feuer) zur Drucksteigerung und somit zum Zerbersten des Tanks führen.

Merke

- ✔ Feuer vom Tank fernhalten
- ✔ Entstehungsbrände an Reifen, Bremsen, im Motorraum, soweit möglich, selbst löschen. Keine Ladungsbrände löschen
- ✔ Bei großem Feuer an den Eigenschutz denken und gefährdete Personen von der Unfallstelle fernhalten oder entfernen

Der Fahrzeugführer muss sich an jedem Fahrzeug mit der Erreichbarkeit und Funktionsfähigkeit der Feuerlöschgeräte vertraut machen!

Feuerlöscher richtig benutzen und nach Benutzung für Wiederbefüllung sorgen!

Löschen ...

... in Windrichtung

beim Flächenbrand

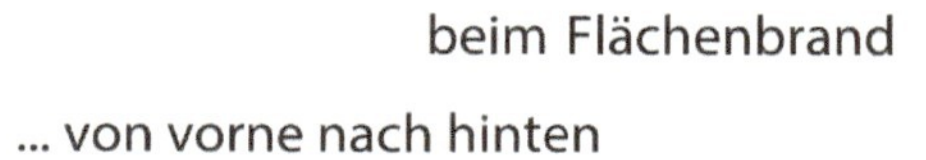

... von vorne nach hinten

beim Tropf- bzw. Fließbrand

... von oben nach unten

... mit mehreren Feuer-
löschern gleichzeitig

Brandstelle nicht verlassen,
auf Wiederentzündung achten!

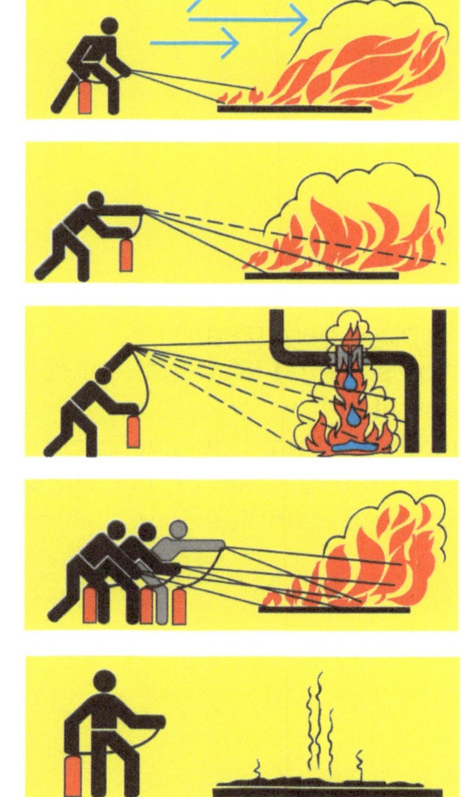

8.4 Tankleck

Ein Tankleck soll vom Fahrzeugführer nur dann abgedichtet werden, **wenn er sich dabei nicht selbst gefährdet** (z.B. bei einem Leck an einem Heizöl- oder Dieseltank).
Bei kleinen Tropfmengen zunächst ein Auffangbehältnis unterstellen. Dann ggf. weitere Maßnahmen durchführen, wie Aufnehmen mit Bindemittel o.Ä.

Abdichten eines Tanklecks durch die Feuerwehr bei einer Übung (in Zusammenarbeit mit der FW Karlsruhe)

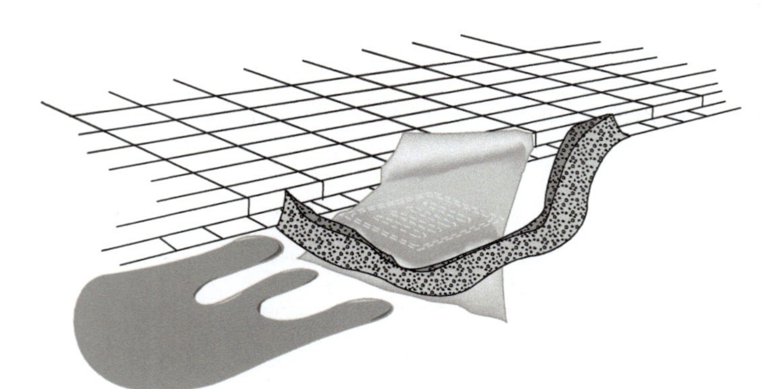

Wenn leicht entzündbare Flüssigkeiten in die Kanalisation eindringen, besteht die Gefahr, dass ihre Dämpfe an entfernter Stelle gezündet werden. Deshalb:

- **Flüssigkeiten durch Sand- oder Erddämme eingrenzen**
- **Evtl. Kanalabdeckung benutzen**

Merke

- ✔ Holzkeile oder Lappen benutzen
- ✔ Fahrzeug stromlos schalten (Batterietrennschalter)
- ✔ Zündquellen fernhalten
- ✔ Flüssigkeiten durch Sanddämme eingrenzen
- ✔ Häuser und insbesondere Keller und Gullys schließen
- ✔ Möglichst auf windzugewandter Seite bleiben

8.5 Unfallmeldung

Tanks werden mit Großzetteln (Placards), ggf. weiteren Kennzeichen und orangefarbenen Tafeln mit Kennzeichnungsnummern (Nummer zur Kennzeichnung der Gefahr und UN-Nummer) gekennzeichnet. Bei Unfällen diese Nummern der Polizei angeben.

Wo	**ist es passiert?**	**Kreuzung B 42 mit Kölner Straße in X-Dorf oder Angabe km-Stein auf BAB**
Was	**ist passiert?**	**Unfall zwischen Tankfahrzeug und Pkw**
Wie	**ist das Fahrzeug gekennzeichnet?**	**Nummer zur Kennzeichnung der Gefahr: 30** **UN-Nummer: 1202** 30 / 1202 **Großzettel (Placard): rot mit Flamme, Ziffer 3** 3 **Kennzeichen: Baum und Fisch**
Wer	**meldet den Unfall?**	**Fritz Meyer**

In der Regel stellen die Einsatzkräfte weitere Fragen. Das Gespräch wird grundsätzlich **durch die Einsatzkräfte beendet**, wenn diese ausreichende Informationen haben.

8.5.1 Zusammenfassung

Ein Patentrezept für die Bekämpfung von Gefahrgutunfällen gibt es nicht. Der Fahrzeugführer muss vor allem auch an den Eigenschutz denken. Beim Austritt von erheblichen Mengen Gefahrgut ist auf jeden Fall zuerst die Polizei als zuständige Behörde zu benachrichtigen. Beim Austritt umweltgefährdender Stoffe auch darauf hinweisen.

Merke

Größere Unfallmaßnahmen den Unfallhilfsdiensten überlassen – deshalb umgehend die Polizei oder Feuerwehr benachrichtigen, damit keine Zeit verloren geht.
Telefon: Feuerwehr 112 (in Deutschland), **Polizei: 110** (in Deutschland)
Europäische Notrufnummer: 112

8.5.2 Maßnahmen nach einem Unfall

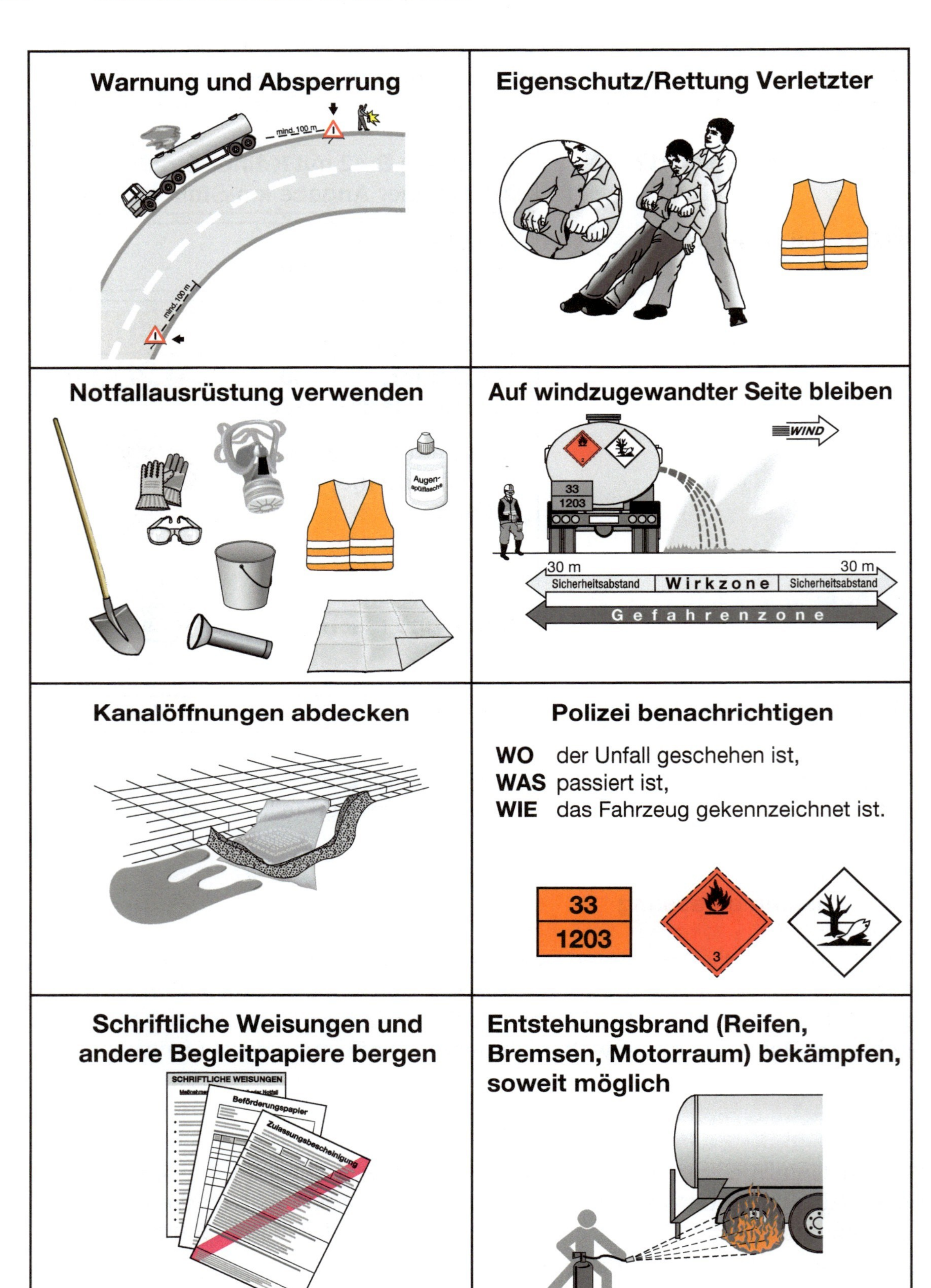

8.6 Fürs Gedächtnis

! **Tankunfälle** sind aufgrund der großen Mengen, die austreten können, **gefährlicher** als andere!

! **Immer an den Eigenschutz denken!**

! Schutzausrüstung **leicht zugänglich** aufbewahren und regelmäßig auf Funktion prüfen

! **Bei Unfällen** Motor abstellen, Batterietrennschalter betätigen

! **Zündquellen** fernhalten

! Wärme (Feuer) kann zur **Drucksteigerung** und zum Bersten der Tanks führen

! **Leere** ungereinigte **Tanks** können **explodieren**

! Größere Unfallmaßnahmen den **Rettungskräften** (Feuerwehr, Notärzte) überlassen

! Kleine Leckagen bei relativ „ungefährlichen“ Stoffen selbst abdichten, **soweit ohne Gefährdung möglich**

! **Flüssigkeiten** evtl. mit Sand eindämmen

! Eindringen von Gefahrgütern in die **Kanalisation** möglichst verhindern

! Ladungsbrände **nicht selbst** löschen

! **Durchtränkte** Kleidung sofort ausziehen

! Bei Unfallmeldungen

- **Großzettel** (Placard) mit Ziffer
- ggf. **Kennzeichen** umweltgefährdender Stoff bzw. erwärmte Stoffe
- **Nummer zur Kennzeichnung der Gefahr**
- **UN-Nummer**

der Polizei/der Feuerwehr melden

! Unfallstelle **absichern**

! Auf **windzugewandter** Seite bleiben

! **Hinweise in den schriftlichen Weisungen beachten!**

8.7 Kontrollfragen

1. Nach einem Unfall läuft Gefahrgut aus Ihrem Tankfahrzeug aus. Sie können die Gefahr nicht beseitigen. Was müssen Sie unverzüglich tun?

❏ A Polizei und Feuerwehr benachrichtigen
❏ B Ihren Chef anrufen
❏ C Den Automobilclub anrufen
❏ D Die Berufsgenossenschaft informieren (8.5.1)

2. Weshalb muss das Eindringen von leicht entzündbaren Flüssigkeiten in die Kanalisation verhindert werden?

❏ A Die Flüssigkeiten zersetzen die Kanalrohre.
❏ B Dämpfe der Flüssigkeiten können an entfernter Stelle gezündet werden.
❏ C Die Ladung geht verloren.
❏ D Die Kanalisation könnte verstopft werden. (8.4)

3. Welche Angaben können Sie den schriftlichen Weisungen entnehmen?

❏ A Anweisungen für das Be- und Entladen
❏ B Ihre Fahrtroute
❏ C Die spezifische Dichte des Gefahrguts
❏ D Maßnahmen bei einem Unfall oder Notfall (3.5)

4. Unter welcher Telefonnummer erreichen Sie die Rettungskräfte?

❏ A 110
❏ B 111
❏ C 112
❏ D 113 (8.5.1)

5. Wer ist nach einem Unfall, bei dem Gefahrgut freigesetzt wurde, zuerst zu verständigen?

❏ A Der Empfänger
❏ B Der Vorgesetzte
❏ C Der Absender
❏ D Die Polizei (8.5.1)

6. **Beim Entleeren des Tanks stellt der Fahrzeugführer fest, dass Gefahrgut aus dem Flansch am Bodenventil heraustropft. Was sollte er zunächst tun?**

- ❏ A Die Pumpe auf „Saugbetrieb“ umstellen
- ❏ B Den Abgabevorgang nach Möglichkeit aus einer anderen Tankkammer fortsetzen
- ❏ C Eimer unterstellen, um weitere Tropfmengen aufzufangen, und den Entladevorgang stoppen
- ❏ D Sofort die Polizei verständigen (8.4)

7. **Bei der Produktabgabe aus einem Tankfahrzeug an einem öffentlich zugänglichen Ort platzt der Abgabeschlauch. Welche der nachstehenden Stellen ist zuerst zu benachrichtigen?**

- ❏ A Einsatzkräfte (Feuerwehr, Polizei)
- ❏ B Fahrzeughalter
- ❏ C Gefahrgutbeauftragter
- ❏ D Absender (8.5.1)

8. **Welche Angaben sollten bei einer Unfallmeldung mindestens gemacht werden?**

- ❏ A Unfallort – Beteiligte – Verletzte – Schäden – Kennzeichnung
- ❏ B Keine, weil Polizei/Feuerwehr grundsätzlich selbst recherchiert
- ❏ C Nur den Unfallort
- ❏ D Firmensitz des Absenders (8.5)

9. **An wen richten Sie eine Unfallmeldung?**

- ❏ A An die Berufsgenossenschaft
- ❏ B An die Kfz-Versicherung
- ❏ C An die Polizei
- ❏ D An das Umweltministerium (8.5)

10. Was ist beim Freiwerden wasserverunreinigender/umweltgefährdender Stoffe zu beachten?

❏ A Keine besonderen Maßnahmen erforderlich

❏ B Polizei und Feuerwehr besonders darauf hinweisen

❏ C Anweisungen des Beförderers abwarten

❏ D Nach den besonderen Anweisungen des Verladers handeln (8.5.1)

11. Welche Grundregel gilt bei Unfällen mit Gefahrgut?

❏ A Stets Umweltschäden zuerst bekämpfen

❏ B Eigenschutz hat Vorrang

❏ C Das Fahrzeug immer aus dem Gefahrenbereich bringen

❏ D Bei Unfällen mit Gasen muss die Feuerwehr nicht benachrichtigt werden. (8.5.1)

12. Welche Gefahr besteht bei elektrostatischer Aufladung?

❏ A Wasserverunreinigung

❏ B Funkenbildung und mögliche Verpuffung/Explosion

❏ C Beeinflussung des Zählwerks

❏ D Verunreinigung der Tankfüllung (6.3.1)

13. In welchem Fall ist die Gefahr von Verpuffungen bei der Beförderung von Ottokraftstoff in Tanks am größten?

❏ A Bei einem leeren ungereinigten Tank

❏ B Beim vollen Tank

❏ C Bei einem leeren gereinigten Tank

❏ D Egal – Tanks sind immer gefährlich. (8.2)

9 Lösungen der Kontrollfragen

Zu Kapitel 3	Zu Kapitel 4	Zu Kapitel 5	Zu Kapitel 6
1 C	1 B	1 C	1 B
2 C	2 B	2 A	2 C
3 A	3 D	3 B	3 B
4 A	4 C	4 B	4 C
5 C	5 A	5 A	5 A
6 A	6 B	6 D	6 C
7 C	7 B	7 C	7 A
8 D	8 C	8 A	8 D
9 B	9 A	9 A	9 D
10 A	10 B	10 B	10 B
11 D	11 C	11 B	11 D
12 C	12 D	12 A	12 D
	13 A	13 C	13 C
	14 B	14 B	14 A
	15 B	15 C	15 D
	16 D	16 D	16 C
	17 D		17 B
	18 D		18 C

Zu Kapitel 7	Zu Kapitel 8
1 B	1 A
2 B	2 B
3 C	3 D
4 B	4 C
5 C	5 D
6 A	6 C
7 A	7 A
8 D	8 A
9 B	9 C
10 C	10 B
	11 B
	12 B
	13 A

10 Stichwortverzeichnis